Life
Organize

整理思維再整物，
一勞永逸的科學化收納法！

新增版 好感生活規劃教科書

一般社團法人日本生活規劃整理師協會◎著

不僅能整理環境
還能輕鬆維持整齊

這就是
「Life Organize生活規劃術」

無論整理多少次、扔掉多少物品，總是沒多久又恢復成一片凌亂……
協助因此感到困擾，並提出讓對方擁有「這樣我也辦得到！」的解決之道，
這正是「生活規劃師」的職責。
其中的祕訣，在於本書提倡的生活規劃術，
也就是源自美國專業整理師的作法。
藉由專業的規劃，幫助所有人找到適合自己的一套收納方式。
在此先介紹本書重點。

「思考整理」&
「慣用腦」
為兩大關鍵字

「生活規劃術」將價值觀明確化的步驟稱為
「思維的整理」。具體來說，就是反問自己
「想怎麼作？」的作業。先整理思維，一旦
在心中決定好優先順序，對於物品的取捨及
物品的配置就不太會感到迷惘。
至於「慣用腦」就形同「慣用手」，代表下
意識優先使用的大腦類型。根據右腦與左
腦、接收與傳達的搭配可分為四大類型。
「慣用腦」的類型是得知自身行動習慣的提
示，您也可以藉由家人的慣用腦類型洞悉他
們的行動習性，從而找出解決之道，消除家
人達不到要求時所產生的焦躁感。

無法順利收拾的原因
是因為使用了
「不適合自己的整理方式」

整理後仍然雜亂無章並非是物品太多或沒有
歸位，而是報章雜誌推薦的「誰都能上手」
的收納方式不適合你。一旦找到適合自己的
整理方式，就能輕鬆維持井然有序的狀態。
生活規劃術非常重視採用的整理方法是否適
合自己。因此，第一步先釐清自己「喜歡什
麼，重視什麼？」、「想過怎樣的生活？」
將個人價值觀明確化。了解自己的行動傾向
（用腦習慣）之後，再思索出符合個人需求
的整理方法。以價值觀為主軸作規劃，便能
清楚在什麼樣的環境下會感到舒適；接著再
配合個人行動傾向，便能擬定輕鬆省事的整
理方法。

雜亂無章

零壓力

✧ 清爽俐落！
美觀大方！✧

零壓力 · 清爽 · 美觀
從零開始
一步一腳印的作起

生活規劃術的終極目標並非「打造整潔乾淨的空間」，而是將整理的動作「習慣成自然」。即使物品散亂也能恢復原狀，亦能因應生活型態的變化改善整理方式。能夠輕鬆且自然而然的持續進行整理作業，才是生活規劃術的目標。

規劃術的首要步驟，是打造零壓力空間，其次是掌控持有物品，維持乾淨清爽的空間。若想更進一步提升居家美觀，可依個人喜好以擺件妝點室內，考量室內的佈置搭配，營造心曠神怡的出色空間。

放心吧！只要一點一滴的「達成！」累積成果，就能擁有夢寐以求的生活。

無論是物品取捨的選擇
或決定收納的方法
皆操之在你

確立價值觀，並且認識自身行動習性（慣用腦類型）後，正式的整理作業便宣告開始。「生活規劃術」是由三大步驟組成的，亦即「分類」、「歸位」、「檢視」。

「分類」的重點，就是挑選符合自己價值觀的物品，並予以分類。「分類」的主要目的並非是丟棄物品，因此各位無需有壓力。

至於「歸位」和「檢視」則是思考符合自己行動習性的收納方法，研擬能長久持續的機制。物品究竟是要外顯還是隱蔽，一切端看頭腦的運作方式，因此請以「自己能否輕易辦到」為基準即可。

※Life Organize 引用的「慣用腦」系統，源自於京都大學已故名譽教授坂野 登博士提倡的「慣用腦行動理論」。
　日本生活規劃整理師協會將這套理論應用在居家整理上，並彙整成獨樹一格的傾向解析和對策說明。

備註：收納規劃實例以及P.102、P.103刊載的資訊，皆為出版當下的訊息。

何謂生活規劃術？

整理居家空間的同時，還能一併整理時間與人生，這就是「生活規劃術」。
生活規劃術跳脫一般對於整理收納的既定模式，
在此介紹這套整理概念的背景。

生活規劃術綜合了物品取捨的判斷能力、思考與時間‧資訊的整理術，具備可重複實行的具體化整理‧收納技術，是實現美好人生的思考方法。

Organize這個英文單字並沒有適用的中文詞彙，該詞的解釋為「針對居家、生活、工作、人生等一切事物進行效率性的準備‧計畫‧整理」。針對該字義衍生而出的「Life Organize生活規劃術」是採用日本人容易聯想的Life（空間、生活、人生），組合Organize創造的日式造語。日本生活規劃整理師協會將本詞定義為「俯瞰空間、生活及人生，加以程序化的技術」。

生活規劃術的思維方法源自於1980年後半期，即距今40年前美國專業整理師的專業知識。當時的美國已躍升為消費大國，為家中囤滿物品而苦惱的民眾急遽增加，因此對於接受顧客委託，針對居家空間生活進行規劃的「整理達人」的需求也陡然攀升。由於美國的國情包含了求助專業的諮詢文化，發展迄今已成為當地的普遍職業之一。

現代日本也面臨物品和資訊雙雙飽和，居住型態和生活方式日益多樣化的現象，這也導致更精準的收納和整理開始有難度。如今整理收納已演變成一般人難以輕易辦到的高技術性職能。目前生活規劃術已體系化為適合日本人的整理思維，受過專業培訓的Life Organizer®（生活規劃師＝整理專家）亦採用跳脫坊間常見的整理收納手法，以貼近委託人的價值觀，量身打造出符合個人生活型態的整理規劃。

※Life Organizer®是日本生活規劃整理師協會的註冊商標。

Part ①

成功打造個人專屬
整理計畫的
15個生活規劃案例

本單元是介紹透過學習生活規劃術之後，
成功打造專屬整理計畫的
15人生活規劃整理師的案例。
請從這15人的MY WAY=獨家祕訣
尋找出啟發YOUR WAY=適合您的祕訣

整理思維再整物，
一勞永逸的科學化收納法！

Life Organize

新增版 好感生活規劃教科書

01

戶井由貴子女士
Yukiko Toi

生活規劃整理師協會講師。為提供客戶零壓力的生活，會尊重客戶的價值觀、個性、習性和行動模式，打造使人趕到放鬆、舒適的居家環境，同時也會協助客戶逐步調整生活習慣，邁向理想自我。

Data
- 現居日本北海道
- 丈夫、女兒、兒子的4人家族
- 屋齡10年的獨棟宅邸
- 4LDK、166㎡

慣用腦
Input 右腦　Output 左腦

搭配家人們的習慣
打造用完不收也OK的
再進化居家環境

戶井由貴子女士在不善整理的家庭環境下長大，所以過去的她，對於整理概念和打掃方法可說是一無所知。

雜誌從雜誌『VERY』的某篇報導上，得知有整理收納的認證及職業，於是去參加了生活規劃術的講座。在那之後也持續摸索適合自己和家人的整理方法。

「我是即使全家人看不到物品就會忘記、無法物歸原位、物品散亂也不會太在意的類型。所以我便以一看即知、一個動作就能放取物品，且拿出後沒歸回原處也OK的整理計畫為目標。」

這棟以深灰色為主色系的住宅裡，室內的每個收納空間都很方便使用，收納的物品既能一目了然並且好拿易收。

雖然她曾深信「整理應該有既定的方法」、「井然有序的定義就是像樣品屋」，但現在已能夠完全放下這樣的執著。

「每個人的價值觀和行動習慣理當不同。現在我想基於全家人的生活習慣，規劃讓大家都能放鬆的居家環境，逐步邁向零壓力生活。」

ENTRANCE

全家人的鞋子收納於玄關側面的開放式層架內。由於覺得鞋子直接放在層架上打掃起來很麻煩，所以改放在宜得利品牌的「收納盒 N INBOX」的盒蓋上。在原本脫鞋的位置鋪上踏板後，全家人就能更方便地赤腳進出了。

CLOSET

1 步入式衣帽間的兩側設置了收納空間，能將全家人的衣物集中管理。左側收納櫃內，主要收納過季衣物。2 收納櫃對面的牆壁上則整齊地吊掛了圍巾類和飾品配件。並利用透明材質的藥品收納袋與毛巾將物品清楚分類。3 戶井女士將當季衣物的上半身服飾放於吊桿上層，下層則是褲及裙裝，並以按照顏色排列，相當一目了然。外出服也以衣架吊掛起來，而休閒服僅稍加摺疊，放入開放式層架的收納箱中。

LDK 放眼望去的範圍內中沒有搶眼物品的隨興感令人感到自在舒適。客廳不放沙發，改放置Yogibo多功能懶骨頭、靠墊和椅子等，讓家人能窩在自己喜歡的地方休息。餐桌後的三層餐邊櫃，特別選用開放式收納設計，家人伸手就能方便拿取用品。

LIVING ROOM

由於客廳的櫥櫃離廚房也很近，所以做為食品儲藏兼客廳的收納空間。把收納箱放入櫃內可以分類物品，打造一看即知且方便收納的整理計畫。平時將櫃門完全敞開，更提高使用時的便利性。

SMALL OFFICE

客廳旁邊的和室壁櫥，拆掉櫃門替換成捲簾，靈活改裝成工作空間。使用頻率低的物品擺放在上層，像是文件等書面資料，採用開放式收納就不容易忘記，抽屜則收納像文具等瑣碎用品。

MY WAY 　　獨家秘訣

沒收好也OK＆一目了然
降低精神負擔的整理法

● 物品的取捨標準
取：適合自己的物品、捨：覺得麻煩的物品。
● 居家整理重視的要素
坐而言不如起而行。現在做完，向前邁進。
● 收納用品的挑選標準
外觀露出也OK、尺寸。
● 整理家人物品的方式
先聽取本人意見，告訴對方客觀看到的感受，提出解決方案進行討論。
● 清爽過生活的秘訣
決定家和房間的主題，購物時勿妥協，花心思減輕精神負擔。

File 02

透過「整理思考」方式
掌握事物全貌和本質
並將選擇基準明確化

內藤さとこ 女士
Satoko Naito

生活規劃整理師協會講師、心理規劃整理師。與個性豐富的家人們享受通用住宅。依客戶情況，推論需要協助的項目，像是整理思考、心理諮詢和整理空間等，提供化轉機為契機的相關規劃服務。

Data
● 現居日本愛知縣　● 丈夫、大女兒、二女兒的 4 人家庭　● 屋齡20 年的大廈全面裝修　● 4LDK、98 ㎡

慣用腦
Input 右腦　Output 右腦

內藤女士誕下雙胞胎後，家中的物品數量激增了兩倍，忙到沒時間整理家務，過著辛苦養育雙胞胎的憂鬱生活。

在她想設法擺脫這樣的生活型態時，接觸到「整理思考」這個詞彙使她靈機一動，決定報名生活規劃整理師的課程。其實內藤小姐從小就很討厭「歸位」，用完物品不習慣收，所以經常在找東西。自從她學會「整理思考」後，漸漸懂得用俯瞰的視野掌握事物的本質，當選擇的標準明確化時，就不太會感到迷惘。

「現在我也能用這套規劃邏輯來整頓人生，這帶給我很大的安心感。尼采有句名言是『This is my way』，這也成為我想與個性豐富的家人們，尊重彼此生活方式的重要軸心。」

為了讓使用輪椅行動的女兒和高大的丈夫都能開心做自己想做的事，這棟全面裝修過的宅邸，在無障礙設計及通用設計方面的配置和收納方面都下了不少工夫，使用自由度變得相當高。

HOME OFFICE

個人房間兼工作室的收納空間配置延伸至天花板。1 將此部份層架作為收納用品的試用場所。看起來有整體感的檔案盒，其實是不同廠牌的產品，類型也不一樣。
2 以簡單易懂的管理方法，規定每人用一個收納箱，一個收納箱只放一種用品。
3 層架右側是內藤女士的工作用品，左側則收納家人用品和居家用品。

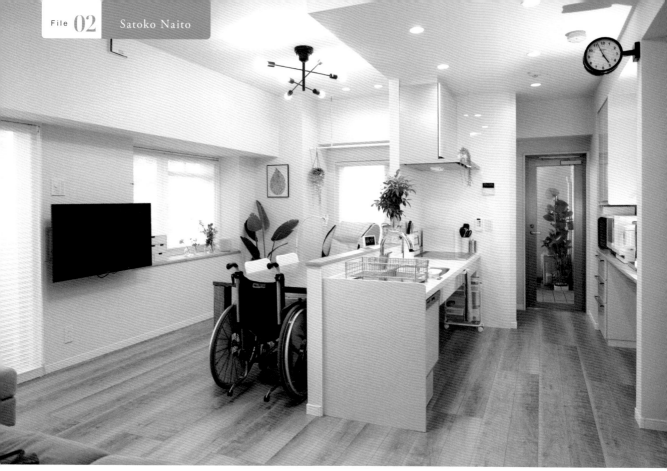

LDK

以通用設計廚房為中心,為方便坐輪椅的女兒和高大的丈夫皆能進行家務和工作,所以家具的配置和高度、物品收納位置等都先經過悉心規劃。廚房空間規劃上來說,雖然比使用輪椅時的建議空間尺寸略嫌狹窄,但流理台下方等空間都符合通路寬度,所以輪椅依然能夠順暢移動。

KITCHEN

4 吊櫃下層主要收納使用輪椅的女兒也會需要的用品,較高的層架中則擺放丈夫的用品。
5 台面下方的抽屜則收納經常使用的餐具。電子鍋則擺放在自行添購的滑軌台面上,方便取放的位置也增加了收納空間。

MY WAY   獨家秘訣

**打造通用設計居家環境,
個性迥異的家人皆能舒適生活**

●物品的取捨標準
使用方便性×喜歡程度。
●居家整理重視的要素
身體狀況、用腦類型、喜好等,配合各種情況,擬出輕鬆就能收拾的整理計畫。
●收納用品的挑選標準
簡約好用、多用途且美觀的物品。
●整理家人物品的方式
採用共居模式。個人的物品自行管理。至於公共物品和空間,訂有一套整理規則。
●清爽過生活的秘訣
再小的物品也要決定固定位置。養成定期檢視整理計畫的習慣。

File 03

放下「非做不可」的執著及焦慮
邁向靈活的生活方式

つのじちよ女士
Chiyo Tsunoji

生活規劃整理師協會講師。產後兩個半月即回歸職場,過著偽單親及工作如蠟燭兩頭燒的生活,曾經歷忙到沒時間整理房間的黑暗時期,後來以丈夫調職為契機辭職。學習並實踐正規體系的整理術,正式脫離不善整理主婦的行列。座右銘是笑容親切有禮。

Data
● 現居日本福岡縣 ● 丈夫、女兒的 3 人家庭 ● 屋齡 12 年的大廈 ● 3LDK、74.78 ㎡

慣用腦
Input 左腦　Output 左腦

「不再跟隨、模仿他人的方法,以自己輕鬆的方法為優先的生活規劃整理思維拯救了我。」つのじちよ女士如此表示。

在認識生活規劃整理術之前,她對於清爽生活的這份強烈憧憬,卻轉變為「非整理不可」的焦慮,過著雖然讀了很多整理收納的相關書籍,卻無法實踐的日子。

「我與生活規劃整理師的夥伴及和客戶的接觸過程中,有很多機會能夠見識到各種價值觀和各種整理方法,久而久之也開始變得更瞭解自己。」

後來她察覺到,「必須怎麼做、非做什麼不可」的執著,其實是痛苦的來源。

如今的她,替希望繼續幸福工作的女性規劃居家環境,支持她們實現夢想的職業生涯。

「我在 14 年的工作職涯中,歷經結婚生子的人生歷程,深切感受到『職業婦女繼續職涯的難處和整頓環境的重要性』,希望我的經驗多少能幫助到大家。」

DINING ROOM

1 靠近餐廳側的台面規劃為丈夫專用的「臨時收納箱」。至於常備藥物和文具用品等瑣碎用品則收納在麵包盒內,主要是當蓋子合上時就能保持美觀。2 由於廚房出入口處同時也是通往餐桌及客廳的走道,所以理所當然配置了掃除用品。

WASHROOM

洗衣機上的角鋼架用來收納洗衣用品和盥洗用具。平時也會將洗髮精收納在這裡,並仿照大眾澡堂的做法,當洗澡時再拿進浴室。盡量讓打掃浴室的家務變得更輕鬆。

LDK 　空間中充斥太多種色彩容易使人感到壓力，因此以白色為基調，嚴選米色和綠色系的家電及家具，再以紅色締造重點色。為了讓看到髒汙的人能隨時順手清掃，特意將外觀簡約的吸塵器直接擺在客廳一角。

KITCHEN

家庭成員能悠閒自得
生活的舒適居家空間

●物品的取捨標準
符合「現在」自己（家人）需求的物品。
●居家整理重視的要素
家人的獨立（自律）性。私人用品能自行擬定整理計畫。
●收納用品的挑選標準
外型簡約又能靈活運用的用品。
●整理家人物品的方式
定期與家人討論是否有很難處理的物品。
●清爽過生活的秘訣
定期重新規劃。將整理視為每日睡前的例行公事，並養成習慣。

3 廚房後側的角鋼架，常用的餐具擺放於好拿易取的中間層，下層則收納經常使用到的乾貨等。4 每天都會用到的飯碗和杯子則放入籃內，擺在下方的抽屜式收納盒則收納刀叉及湯匙等餐具。滑軌式收納架可以拉出，不但方便拿取也一目了然。5 廚具下方抽屜櫃存放防災用食材。還有當つのじちよ女士不在家時，必備的儲備糧食。

04

中里ひろこ女士
Hiroko Nakazato

生活規劃整理師協會講師。Graceful Life的代表。提倡順應生活舞台的變化「讓身為主角的全家人輕鬆過生活的整理計畫」。著作『如何打造適合自己實踐的整理計畫』（講談社）

Data
- 現居日本京都 ● 丈夫、3個兒子的5人家庭（目前同住家人共3人）● 屋齡2年的獨棟宅邸
- 3LDK、110 ㎡

規劃易拿取的收納配置
挑選賞心悅目的用品
實現清爽居家空間

慣用腦

Input 左腦　Output 右腦

中 ひろこ女士在得知生活規劃術前，曾認為之所以無法將整理環境整理好，是因為自身做得不對而感到沮喪。

曾經是家庭主婦的她，自認必須努力獨自承攬下家務與育兒的責任，且會反覆驗證報章雜誌上專家分享的整理方法。

學習生活規劃術後，她才察覺自己會強迫家人接受「專家提倡的理想」，於是也開始修正自己的溝通方式，重新正視與全家人的共同生活。

經過十年後的現在，她把原先以育兒為目的的自宅，改造成既能在家工作，夫妻也能共同管理的「方便均攤家事的居家環境」。像是配合丈夫的身高決定收納場所等，規劃全家人能夠行動自如的生活動線。

「這份工作讓我瞭解到人生有千萬種，也實際感受到懂得寬容自己的女性變多了。我想為現代女性擬定適合專屬自己的生活規劃，協助她們獲得更多的時間自由和心靈自由，活出自己的人生。」

LIVING CLOSET

1 與LDK（指客廳+餐廳+廚房）比鄰的房間，整面牆壁都是壁櫥。以素色布簾作為遮蔽，放式無櫃門的收納方式能一目了然，使用也很方便。飾品掛在壁櫥的側牆上，方便快速打扮。2 由於也鄰近廚房，即使是最忙碌的早晨時段，外出準備工作也能一氣呵成。3 基本上服裝採取較吊掛收納，並以衣架的數量進行管理。至於較不便吊掛的衣物，則是折疊後整齊地擺放於吊掛袋中。

LDK（指客廳＋飯廳＋廚房）選用白色為底色，再以綠色作為強調色，勾勒出清爽感。將餐桌用具收放櫃內，至於常用物品則是直接集中放在廚房櫃台上面。

KITCHEN

中里女士十分喜愛這個連家人都能方便料理、輕鬆整理的廚房。基於精簡動線的考量下訂製家具，從料理到整理都很輕鬆。從洗碗機拿出來的餐具能直接收納入層架中，將茶具集中於收納箱，泡茶時整箱拿出來用就好。

整理沒有標準答案！比起整理術，
更以「與物品的相處方式」
為第一優先。

●物品的取捨標準
能否豐富生活和方便管理。
●居家整理重視的要素
家人能簡單記住的收納處及意識到物歸原處。
●收納用品的挑選標準
簡約直線的設計、素色、符合場所的素材感。
●整理家人物品的方式
以本人「整理方便程度及個人原則」為優先。
●清爽過生活的秘訣
堅持嚴選賞心悅目的物品。

4

LIVING ROOM

4 由於家人經常在餐桌上念書及工作，必須用品則統一收納在旁邊的櫃中。尚未回收的舊報紙則放入抽屜管理。每位家人都有專用的抽屜，收納各自的私人用品。5 講義和備用的影印紙等雜物分類後存放於櫃中。

5

透過整頓空間過程獲得了更多時間及餘裕感的生活

宇高有香女士
Yuka Udaka

生活規劃整理師協會講師。UCHIKARA的經營者。經由自宅建築輾轉得知生活規劃術，成功克服整理難題。運用自身的室內設計的知識，擔任新居＆改建的收納顧問，舉辦的室內裝修講座也頗受好評。

慣用腦

Input 右腦　Output 右腦

Data
●現居日本神奈川縣橫濱市 ●丈夫、兒子和女兒的4人家庭 ●屋齡8年的獨棟宅邸 ●3LDK＋工作空間共94㎡

宇高有香女士回憶過往後表示「我家以前雖然乍看整潔，但其實只是將屋內物品藏起來，收納空間內依然亂七八糟。就算整理後也很快會恢復原狀」當時夫妻倆的口頭禪是「先這樣就好」。

熱愛和講究室內裝修和建築的她，一手打造了自己的家，但隨著新屋完工在即，她意識到「繼續下去就算搬家也無法擁有舒適生活」，才決定去學習生活規劃術。

「將生活的目明確化後，整理物品也會變得容易，就能透過思考想要什麼狀態、想做什麼，漸漸趨近心中理想的生活。」

宇高女士透過整頓空間，獲得時間和心情上的餘裕。配合孩子年紀增長變化，一點一點地調整空間配置，在這段過程中也逐步實踐「輕鬆愉悅地生活」。

「從事整理工作的過程中，我親眼目睹到無論擁有什麼樣的價值觀，都能透過整理為人帶來笑容，在這樣瞬間裡使我由衷感到幸福。」

KIDS' ROOM

1 於中央位置放入雙層床組，將同一空間隔成兩間兒童房。據說當時改造時也採納了很多孩子們提出的意見。2 在用來劃分區域的床鋪的牆上擺放了附磁鐵白板，可以張貼像是學校講義等文件。3 運用巧思彌補狹窄空間。將收納架中層板調整至與桌面的高度對齊，花工夫增加桌面使用空間。

LIVING&DINING

由於廚房位置剛好被恰到好處的遮蔽，客廳便成為整個家的中心。設置了榻榻米區，擺放了矮桌讓孩子們在這裡做功課。宇高女士也會在這裡工作，大家能彈性地運用這個空間。

KITCHEN

4 動線近、方便作業的廚房。5 流理台上方的吊櫃收納平常使用的餐具。由於那是從洗碗機拿出餐具後最方便歸位的位置，即使討厭歸位也還是能輕鬆整理。6 瓦斯爐旁邊的收納空間深度足夠，所以設置滑軌式收納架。將收納架拉出後，站在瓦斯爐前面的位置就能直接拿取物品，使用起來覺得十分方便！

享受居家空間美學
打造成自己喜愛的空間

●物品的取捨標準
喜歡與否？（擁有後）是否能讓自己更輕鬆。
●居家整理重視的要素
家人們都能毫無壓力地維持整潔的整理計畫。
●收納用品的挑選標準
露出的物品注重賞心悅目，收起來的物品重視機能性。
●整理家人物品的方式
會配合家人的習性適時提點，同時依情況修正做法。
●清爽過生活的秘訣
保有自我主見，只買真正喜歡的物品。以心有餘裕為優先。

あさおかまみ 女士
Mami Asaoka

生活規劃整理師協會講師，一級建築師。除了居家設計，也深切感受到生活規劃的重要性。為了描繪出讓客戶能輕鬆生活的設計圖，也提供整理諮詢、進行新居和改建時的平面格局規劃等服務，也會舉辦各種講座。

Data
● 現居日本愛知縣 ● 丈夫、兒子的 3 人家庭 ● 屋齡 13 年的大廈
● 4LDK、91.26 ㎡

慣用腦

Input 左腦　Output 右腦

不費力、輕鬆地
就能維持居家清爽感
是最終目標

擁有一級建築師頭銜的あさおか女士，從小就喜歡針對居住空間進行多方改造。她過去對於整理的意識是「我屬於想做才會做的類型，是沒有維持愉悅居家生活這樣的觀點。」

她會開始對生活產生興趣，是因為從事建造房屋的過程中，深刻感受到「想過哪種生活」想法和思維的重要性。於是她開始搜尋生活面向的相關資訊，進而認識了生活規劃術。

「以我本身的變化來說，我對於物品的取捨選擇速度變快了，能夠順利捨棄不需要的物品，更強烈意識到維持輕鬆生活的重要性。」

一如她所言，她的家中到處皆是任何人一看即知的配置，還有希望減少收納動作的草率收納等這類能輕鬆省事的巧思。為了需暫時性擺放的物品及為貓咪預留的空間，層架上擺設了喜愛的逸品和餐盤等，都充分傳達出她的生活理念。

WASHROOM

あさおか家的習慣不是將換洗衣物放入洗衣籃，取而代之是放入掛在牆上的環保袋內，主要分為毛巾、衣物兩類，讓家人們自行分類整理。清洗時不但可以省略分類的步驟，打掃地面時也不會有擋路的洗衣藍，整理居家環境更輕鬆。

HOME OFFICE

1 將鄰接客廳的和室，自行 DIY 將榻榻米改成木板地，打造為辦公室。工作桌則是把桌板平放在 L 字型的桌腳上的組合桌，構造簡單、方便拆卸，此空間也可以是臨時客房。2、3 將壁櫥劃分成 4 個區域，使用頻率高的用品放在方便使用的左側空間，右側空間放入使用頻率較低的用品。右上層收納客用的棉被，右下層則是過季衣物等。平常只有左側會打開取放物品。左上層收放辦公用品，左下層則是放貓砂盆的位置。

KITCHEN

設置在廚房後側的開放式層架,內含很多立刻歸位的玄機。嚴選愛用的餐具,連同喜愛的物品採取開放式收納。右側中間的位置刻意預留空間,擺放暫時擱置的物品。下方規劃成垃圾桶區域。雖以木板美化,但上方預留可丟入垃圾的高度,使用起來依然方便。

DINING ROOM

小巧的圓形餐桌給人柔和的印象。雖然隔著廚房櫃台,在用餐區就能看到自己喜歡的空間,開放式的層架上展示著自己喜愛物品。劃分空間區域的牆壁漆成咖啡色,營造出如裱框般的視覺效果。

LIVING ROOM

4 廚房櫃台下的層架組收納全家人共用的文具用品。層架組的台面則保持淨空,臨時擺放文件和郵件,或是用餐時就把桌上用品挪到這裡。層架內的閒置空間是為了貓咪預留的。5 抽屜內採取隨性式收納,不僅一目了然又好拿易放。

只要自己能接受的方式
無論何種作法都行得通

● 物品的取捨標準
依使用頻率、喜好、機能性、適宜數量等進行判斷。
● 居家整理重視的要素
不需要強迫自己就能辦到,還有能夠豐富心靈。
● 收納用品的挑選標準
丟棄時不會有負擔,具多樣性用途。
● 整理家人物品的方式
基本上交給本人處理。如果有問題就互相討論。
● 清爽過生活的秘訣
物品數量不宜增多,物品必須有固定位置,採用簡單的收納法。

 File 07

最輕鬆簡單做的
家事整理計畫
過快樂日子

伊藤 牧 女士
Maki Ito

生活規劃整理師協會講師、心理規劃整理師，以本身的適應障礙症為契機，放下了「我必須要盡力而為」的想法。她提供關於整理及家庭關係困擾的心理諮詢也頗受好評。透過線上團體諮詢課程學習整理方法的人數也持續增加。

Data
●現居日本福岡縣　●丈夫、兩個兒子和狗的 4 人家庭　●屋齡 3 年的獨棟宅邸　●2 LDK（附閣樓）、159 ㎡

慣用腦
Input 右腦　Output 左腦

伊藤女士表示，自己過去經常把時間投注在一時興起的事物上，人生也是得過且過。當她接觸生活規劃術後，開始懂得用宏觀的角度俯瞰人生，從理想中的自我，以反推方式，找出現在應該努力的方向。

「我想傳達給大家，打造出能夠『不用做家事』的環境，採用全家人都熟知物品擺放位置的收納方式，無論日常生活、還是心靈都會變得輕鬆快活。」

如她所述，在這棟宅邸居住環境內，隨處可見全家人都能簡單輕鬆收納和做家事的整理方式。

另外值得一提的是，全家人位在二樓房間拿出來的待洗衣物，能夠輕鬆集中到一樓洗衣間的整理法堪稱一絕。大膽地直接在地板開一個通道，準備要清洗的衣物就順著通道管直接掉進在下方洗衣籃。不只如此，洗後烘乾的衣物也採用盡量不需折疊的家事流程。

她建議應跳脫出「必須怎麼做」的思想框架，採用自己能輕鬆愉快完成的整理方法。

WASHROOM

這是一間值得被稱為具有多功能且系統化的專業洗衣房。2樓的待洗衣物會順著右上角天花板的通道落入洗衣籃。至於已洗好晾乾的衣物，則依照衣物的主人分類，放入桌面上的4個洗衣籃。孩子們平常也會從這裡拿取乾淨的衣物。

KIDS' ROOM

利用格子收納櫃替 2 個兒子的房間進行輕隔間。將兩個格子櫃上下疊放、並以一正一反的方式擺放，就能依需求隔出所需的空間大小。

餐廳旁的收納櫃中，右邊收納伊藤女士的辦公文件等，左邊則擺放家人的用品。通常會將左邊櫃門保持在開啟狀態。

LIVING&DINING

在客餐廳裡擺放著四張風格迥異的餐椅。由於餐桌寬度約可容納8人，所以即使讀書到一半時想直接開飯也是沒問題的。平時伊藤女士的辦公用品也會擺在這張桌上。

MY WAY　　　獨家祕訣

省事、簡單、美觀

● 物品的取捨標準
是否為自己喜歡，還能長久使用的物品。
● 居家整理重視的要素
居家整理的定義就是即使四處亂放後也能恢復原樣。
● 收納用品的挑選標準
不會只看外觀就購買收納用品。盡量選用非塑膠的材質。
● 整理家人物品的方式
等待本人動手整理。若獨自整理有困難，再看準時機伸出援手。
● 清爽過生活的秘訣
不常用到的物品就收起來。

PANTRY

鄰接廚房的儲藏室。平常就會使用的餐具和存糧備品等採用開放式收納。由於把食品收起來的話家人就會忘記吃，因此她不會把食品再移裝到容器或是放入籃內。雖然儲藏室看起來有些凌亂，但這裡是LD（客廳、用餐區）的視線死角的小空間，所以還是以家人使用時的方便性為優先考量。

服部ひとみ女士
Hitomi Hattori

資源規劃整理師講師、心理規劃整理師。協助規劃物品及回憶該何去何從的回收專家。不用割捨掉家庭、事業和興趣的整理計畫,賦予許多女性勇氣。

Data
● 現居日本岐阜縣 ● 丈夫、兩個女兒的 4 人家庭 ● 屋齡 15 年的獨棟宅邸 ● 4LDK、136.63 ㎡

慣用腦

Input 右腦　Output 左腦

從獨自獨自承攬家務到家人能一起做的分工整理計畫

服 部ひとみ女士從 10 幾歲開始就熱愛整理,想要精益求精的她搜尋「整理」的相關資訊時,間接認識到生活規劃術。

在考取生活規劃整理師的證照後開始自行創業。當工作變得忙碌時,煩躁感也湧上她的心頭:「為什麼整理家中的人只有我?」。

「從前的我是專職家庭主婦,就算家人亂扔物品,既有充足的時間收拾,還能隨自己喜好來整理,所以不曾感到有壓力。」

當家人表示「不曉得家中物品放在哪裡」時,她首次深刻察覺到原來「自己過去都是以自己方便為優先的想法來整理家裡,完全沒考慮到其他人。」

「這時我才意會到,就算家裡保持如樣品屋般地整齊美觀,也未必能與生活的便利性劃上等號。」

現在,擅長整理的服部女士負責定期重新審視物品,至於其他家人則負責保管各自的私人用品。

「家務也是由全家人決定分工,讓所有家族成員過著在家庭時間與個人時間皆能取得平衡的生活節奏。」

LIVING&DINING

1 這個收納空間主要擺放客廳用品兼服部女士的辦公用品。她非常愛用隱約可看見內容物的半透明收納容器。基本上客餐廳沒有任何收納類型的家具,物品全放入收納空間,必要時才會拿出來。2 她偶爾會把餐桌當成工作台,盡情把材料和用品擺在桌上,享受業餘愛好兼工作的裁縫手藝時間。

增加客廳收納空間內的活動式層架數量,不但能避免物品堆疊,同時也一目了然。新居落成時是 5 層,目前已增加為 13 層。

KITCHEN ｜ 麻雀雖小五臟俱全的廚房，採用方便的抽屜收納所有的烹飪用品和餐具，很難發揮功能的吊櫃則放了「嗜好收藏品」。「這是煮飯之餘順便苦中作樂的小秘訣。」

3 將烹飪用品排列在抽屜之中。為了一看即知及好拿易取，基本上不會堆疊擺放物品。4 流理台對面的抽屜櫃主要收納餐具。在台面上進行盛裝擺盤也很方便。從流理台和洗碗機到廚房的動線很短，是能夠輕鬆整理的配置。

在廚房出入口旁配置清掃用具，一發現到髒汙就能立刻進行清掃。

所有物品都能一目了然！
在討厭的場所中放入鍾愛的物品！

●物品的取捨標準
評斷是否已經忘了它的存在。拿起來的瞬間，腦中會浮現用法跟用途的就是必需品。

●居家整理重視的要素
「想使用的念頭」比外觀和功能性更重要。讓自己被真心想使用的物品圍繞，採取方便使用的收納。擬定能充分活用手邊現有物品的方式，提高生活品質。

●收納用品的挑選標準
顏色及材質。以色彩營造整體感、以材質追求功能性。

●整理家人物品的方式
大家經常會把打掃跟整理混為一談，但我會分開思考。同時也不會干涉自己分外的事。

●清爽過生活的秘訣
偶爾就任由物品散亂，預留給自己埋首於興趣的時間。

PANTRY

1 變更原本的規劃，在廚房後面單獨設置食品儲藏室。DIY裝設直立桿，打造活動式層板架。頂層放置不常拿取的物品，中層則是日常會使用到的物品，下層擺放印表機等電腦周邊機器，以及集中擺放的垃圾桶與掃除用具。LDK會用到的物品全都集中在這裡了，房間因而顯得整齊俐落。2 安裝捲簾即可遮掩雜物。

File 09

採用許多符合
行動習性的收納技巧，
整理起來輕鬆多了！

慣用腦

Input 右腦 Output 左腦

吉川圭子 女士
Keiko Yoshikawa

生活規劃整理師協會講師。雙胞胎誕生之後，便開始思考關於物品的持有方式及生活方式。2009年開始舉辦講座活動並提供收納諮詢服務。目前以「生活規劃術是男女老幼都該具備的技能」為座右銘展開一系列活動。曾獲頒整理收納大獎2015審查員特別獎。

Data

●現居日本神奈川縣 ●丈夫、長女、雙胞胎姊妹的5人家族。 ●屋齡4年的獨棟宅邸 ●2LDK、120㎡
※此為2017年的資訊。

KITCHEN

3 吉川家的廚房一律採用矮櫃收納餐廚用品。所有餐具都收納在廚房流理台對面的斗櫃中。4 孩子們的朋友來家裡玩時會用到的塑膠餐具，就放在最靠近廚房入口的抽屜，方便孩子們自行取用和歸位。5 從洗碗機取出餐具後，轉身便能收進後方的抽屜，是大幅縮短家事動線的卓越設計。

吉川圭子女士與丈夫和3個女兒，居住在「無印良品」半客製住宅的「木之家」。這是她考量家事效率和適合自己的收納風格，同時也參考其他生活規劃整理師的家之後，費盡心思打造的新家。尤其是像廚房的食品儲藏室和鞋櫃等空間，都是針對新家量身訂作的大型收納計畫。

起初吉川女士只有整理收納顧問的證照，自從認識生活規劃術後，她才將觀點轉變為「該怎麼作才能辦得到？」特別是當她得知「既然有慣用手，當然也有慣用腦」的論點後，便開始仔細觀察家人和周遭其他人的行為模式。

以吉川家的三姊妹為例，收納方式便各不相同。「長女從小就擅於整理。至於她的雙胞胎妹妹們，則是需要稍加指點的類型。雖說是同卵雙生，但尋找和歸位習慣還是有所差異。於是我配合孩子們各自的習慣，擬定使她們提起興致整理環境的規劃。」

KIDS' ROOM | 位於3樓的兒童房,是一個無隔間的開闊房間,僅藉由矮櫃和書桌的排放,大致區分長女與雙胞胎的使用空間。未來考慮裝設牆壁隔出私人空間。

雙胞胎還是有著截然不同的行動習性
於是採用各自適合的收納法

1 次女和三女雖然是同卵雙胞胎,收納方式卻截然不同。為配合次女頻繁更動收納位置的習性,刻意挑選易於撕貼的抽屜標籤,三女則是收納前就會確實分類好物品位置,標籤也是最初固定後就不再更改。2 個性一板一眼的三女的抽屜。儘管物品多卻會細細分類,確實管理。3 好惡分明的次女,讓她將物品精簡到最少限度,採用一目瞭然的收納方式。雙胞胎姊妹的收納方式,差異大到令人驚訝不已。

4

5

ENTRANCE

4、5「蓋新家時，我也參考了其他生活規劃師們的
家。」吉川小姐如此表示。玄關收納也是參考的成果
之一。將鞋櫃設置在玄關入口的室內地板上而非磁磚
上，省去拿鞋再換鞋的麻煩。連遮蔽鞋櫃的捲簾都刻
意前後相反的安裝，讓鞋櫃前方顯得更加簡潔俐落。

7

6

6 所有鞋子都放在塑膠托盤上
取放，便能一清二楚知道擺放
處。防災用品、桶裝水、工具
類、膠帶及繩子等也統統收在
鞋櫃裡。7 將戶外用品都收納
在提籃中。外出時可直接提到
車上，相當方便。

使整理的目的明確化，
安排樂在其中的「元素」也很重要。

●物品的取捨標準
是否用得到。
●居家整理重視的要素
「為了什麼而收納？」，也就是目的明確化。
●收納方法的取決標準
對所有使用者來說都很好懂。
●收納用品的挑選標準
耐用、居家必備，隨時可以添購買足。
●整理家人物品的方式
己所不欲，儘量勿施於人！
●清爽過生活的祕訣
在「清爽的空間」內，安排愉悅的事物（有了
喜愛的事物，就有收納的動力）。

10

秋山陽子 女士
Yoko Akiyama

生活規劃整理師協會講師、心理規劃整理師。輔導客戶打造極具自我風格的舒適居住環境。為了讓生活規劃術走進家庭、學校、公司，今後會積極從事推廣活動。

訂立孩子能自理的收納規劃，才能安心一勞永逸。

Data
●現居日本廣島縣　●長男、長女的3人家族　●屋齡11年的獨棟宅邸　●4LDK、145㎡
※ 此為 2017 年的資訊。

慣用腦
Input 右腦　Output 左腦

遭逢丈夫過世而大受打擊的秋山女士，曾陷入完全無心家務的狀態，所以她有著透過整理空間來淨化心靈的經驗。

從此以後她便將「整理收納」視為職業。參加了各種收納相關的講座後，她發現只有生活規劃術的收納方式不會引發反彈效應。

「過去只要有人上門，我會請他們在玄關稍待片刻，然後我便將物品隨手硬塞至看不到的地方假裝乾淨，如今即使有客人臨時來訪，我也只要花10分鐘就能收拾完畢了。」

此外，她變得會聽取家人意見建立生活規劃，孩子日益成長後，能分擔的家務也越來越多，她也漸漸實現生活規劃師的主旨——「家庭和樂．孩子們『力所能及』的事也更多」。

「剛搬進新家時，原先的理想是擁有像樣品屋般完美，毫無生活感的住宅。但是遇見生活規劃術之後，我開始認為，理想的家應該是會反映屋主生活方式和喜好的空間，而家人們也會自動自發的參與生活和收納。」

WASHROOM

1 以長時間占用卻又不擅歸位的女兒為中心，特別規劃的盥洗室收納。2 最方便順手的抽屜，收納著每日必須的髮類用品等小物。由於是右左腦型，因此使用羊毛氈和厚紙板DIY成自己喜歡的形式，提高收納的興致。3 日常用品則以文件盒來收納，並使用女兒的插畫來標示盒中物。

LIVING & DINING

4、5一家人吃飯、休憩、念書、工作等,度過大半時光的客廳+飯廳。明確規定各個場所只收納該使用時段最優先使用的物品。如果有臨時需求必須增加使用物品時,可以打開摺疊桌來確保作業空間。

MY WAY　獨家祕訣

祕訣是只堅持基本原則,
執行上則是大致及格就好。

●物品的取捨標準
多少會因場所而異,但結論是綜合「愛用品」和「使用頻率」。我會把喜歡、重視的物品歸類為「第一名」,其餘再分「第二名」和「第三名」。

●居家整理重視的要素
家人能一目瞭然,也辦得到的規劃。

●收納方法的取決標準
隱藏式收納必須能看到內部,且顏色簡單。開放式收納則是注重美觀+機能性。每日用品則是考量使用流程的簡約度。

●收納用品的挑選標準
外觀還有CP值。

●整理家人物品的方式
先詢問過家人,或是向他們提議。

●清爽過生活的祕訣
大致上及格就好,但也會重新大幅修改。

KITCHEN

餐具方面,比起使用頻率,反而是心愛的NO.1會放在最順手的地方。以享受玩賞的樂趣為優先。

ENTRANCE

除了鞋子之外,同時也收納防災用品和運動用具等戶外物品。櫃內的收納物品會隨著季節而更換。

以「怎麼作才能自行完成」為目標，整理的過程也能樂在其中。

中村佳子 女士
Yoshiko Nakamura

生活規劃整理師協會講師、衣櫥規劃整理師。曾榮獲2014年整理大獎的審查員特別獎。合著作品《實現媽媽「想工作」的心願 不需通勤的居家辦公》。提出注重兒童動手能力的「兒童基地」等提案，增加家人「辦得到」的事，達到簡易收納之效。

慣用腦

Input 左腦 Output 左腦

Data
● 現居兵庫縣　● 丈夫、2個兒子們的4人家族　● 屋齡9年的公寓　● 3LDK、80㎡
※ 此為2017年的資訊。

該 怎麼作才能自行完成呢？

「對於不太擅長收納的家庭來說，每天都是實驗室（笑）。」中村佳子女士如此表示。由於她本身並非特別喜歡打掃整理的人，因此收納規劃時，會以「自行打理」為第一優先。

而且據稱中村家4人的慣用腦類型全都不同。

「基本上是採取收好掛好擺好的『無腦收納』。」多半偏向右腦類型的草率收納。」她從生活規劃術中學到慣用腦的思維方式後，便會顧慮對每個家人而言容易使用的收納方式。

不過她認為最受用的方面卻是育兒。

「哥哥極偏右腦，弟弟極偏左腦。像歸位及摺疊毛巾等家務，是小4歲的弟弟較擅長。如果我不了解慣用腦的理論，很可能會責備哥哥『為什麼弟弟辦得到，你卻辦不到』。

如今了解慣用腦的思維方式後，我開始懂得注意他們的長處，像『左腦強的弟弟收納很厲害，哥哥則是感情豐沛善於表達』。」

1、2 L型兒童床組能充分運用角落空間，顯眼的玩具採用「隱藏式收納」。和床鋪平行配置的繪本書架命名為「兒童圖書館」，「孩子們超愛窩在窄小空間內閱讀！」3 玩具刀以橡皮繩固定在床底下。使整理成為遊戲的一部分，正是中村式收納法。

CLOSET

孩子們的玩具等雜物皆收納在壁櫥裡。拆除中間層板，以壁紙和油漆塗裝後頓時煥然一新。左邊是中村女士的衣櫥，右邊則是儲藏空間。

MY WAY　　　獨家祕訣

凌亂是「有人居住」的證明，
沒必要始終整齊如一。

4 儲藏空間放置的櫃子，收納著學校相關物品、裁縫用具和日用品。熨斗和燙馬也成套擺放於此。5 更衣完畢後拉開拉門，就能以黏貼在後方紙拉門上的鏡子檢查衣著搭配。

●物品的取捨標準
有沒有在使用，是否帶有回憶。
●居家整理重視的要素
「乾淨俐落的收納」不等於「家人感到舒適的住處」。「只要花15分鐘收拾就能招待明友來玩」＝不追求完美。
●收納方法的取決標準
家人能自行打理、動線短，是否與裝潢相配（能融入裝潢之中更佳）。
●收納用品的挑選標準
是否容易開關、顏色、材質、價格。
●整理家人物品的方式
自認為順手好用的方式別人不見得適用，所以要多聽取當事人意見。
●清爽過生活的祕訣
與其捨棄物品，不如思考「充分活用角落的方式」及「物品配置方式」。

容易歸位的整理規劃，是一家和樂生活的祕訣。

植田洋子女士
Yoko Ueda

生活規劃整理師協會講師、心理規劃整理師，接下來主要針對孕婦和育兒的母親進行輔導活動。能夠輕鬆諮詢的個人網站「お片づけパーソナルレッスン@cafe」與「お片づけパーソナルレッスン@home」都頗受好評。

慣用腦
Input 右腦　Output 左腦

Data
● 現居日本東京　● 丈夫、兒子、女兒的4人家族　● 翻新屋齡35年的獨棟宅邸　● 3LDK、96㎡
※ 此為 2017 年的資訊。

植田女士在長子出生前都專心致志於工作，對於居家整理滿不在乎。直到5年前臥病在床之際，看到棉被周圍到處散落著物品，方才驚覺「自己都沒在打理家中」。縱然植田女士打算先從丟棄物品作起，卻也因此跟不得丟棄物品的丈夫鬧得不愉快。就在這時，生活規劃術「整理不該從丟棄開始」的宣傳標語深深吸引了她的目光。「由於我偏愛嚴謹行事，過去會先入為主的認為『該這樣作才對』，因而強迫家人按照我所說的去作。當我從生活規劃術中學到『家人有不同的價值觀是理所當然』的思維後，才發覺一家人和樂融融的同住屋簷下，對我而言比居家環境賞心悅目更加重要。」

她一手策劃每個物品都能清楚掌握，擬定使用完即可立刻歸位的收納規劃後，原本就會幫忙家務的丈夫變得比過去更勤於整理家中。「我也終於可以好好的感謝他對我的付出。」

DINING ROOM

1 兒子的書包和學習用品都放在固定的櫃子裡。將鉛筆插在玻璃杯內，再集中裝入小鐵籃。使用時直接提起鐵籃放在桌上就OK了。2 遊戲室。為了不讓妹妹妨礙哥哥玩迷你車，因此把迷你車擺在妹妹伸手搆不到的高度。3 客製化的餐櫥櫃，深度特別配合小孩書包的尺寸訂製。

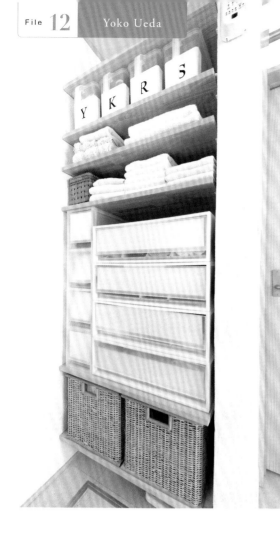

WASHROOM

4 植田女士會喜歡的包裝袋收在統一的容器中。於布袋內放入塑膠文件盒，就能方正挺立的收納打掃用的清潔蠟和舊布料。

5、6 為了把所有必要的換穿衣物擺在更衣室內，以動線來考量收納功能。尚且不需清洗的睡衣只要隨手扔在籃內就好。上層的收納盒則擺放個人的內衣褲。由於收納高度連4歲的女兒都能搆到，因此會自己去找衣服。

為了收納今後的必需品，
就要隨時審視手邊現有的物品。

● 物品的取捨標準
就將來而言是否有必要，外觀是否療癒。
● 收納方法的取決標準
家人的行動動線跟使用步驟數。
● 收納用品的挑選標準
色彩的一致性（基本為白色和木紋），能否添購充足的基本款。
● 整理家人物品的方式
儘量採取簡單行動就能歸位的收納方法。不用過於細瑣分類，只要物品有放回該空間就OK來降低收納難度。
● 清爽過生活的祕訣
為順利迎接今後重視的物品，因此要定期挪出時間來審視手邊現有的物品。並且釐清自己「喜歡」的事物。

KITCHEN

7 I型廚房搭配後方的台面式收納櫃，形成了短而方便的料理動線動線。門的另一側是浴室，家事動線也暢行無礙。8 開放式擺放的用品統一以相同的容器分裝。小蘇打粉或清潔劑等皆裝入玻璃瓶和塑膠瓶中，再貼上個人喜愛的標籤，宛如展示品般的排列在換氣扇上。由於清潔劑可隨手拿取，所以髒污明顯時就會勤於清潔。

LIVING ROOM

高山宅邸坐落於不方正的建築用地上。1樓是LDK和稍微架高的公用空間（位於鏡子左側深處）。簡約中帶有陽剛味的佈置令人印象深刻。

CLOSET

1 客廳一隅專門收納孩子們的學習用品和衣物。為了訓練孩子們自理，打從幼稚園起就跟孩子們一起擬定收納計畫。2 建立了「1個抽屜就放1種物品」的規則，並且親手製作印著小圖示的標籤，賞心悅目又一目瞭然。黑色圖案與帶著陽剛味的室內佈置也很搭調。

File —————— **13**

明確了解個人喜好之後，
室內佈置
也變得更有意思了。

慣用腦
Input 右腦 Output 左腦

高山一子 女士
Ichiko Takayama

生活規劃整理師協會講師。
SMART-WORKS代表。基於身為
兩個小孩媽媽的職業婦女經驗，
替顧客規劃以良好效率輕鬆度過
每一天的生活空間，而她為顧客
擬定新居、整建的收納計畫，以及
搬家後的生活規劃都大受好評。

Data
●現居日本京都 ●丈夫和2個兒
子的4人家族 ●屋齡7年的獨棟
宅邸 ● 5LDK、183.21㎡
※ 此為2017年的資訊。

FREE SPACE&
WORK SPACE

3 從客廳上三階樓梯即可抵
達的公用空間，如今已成為
孩子們的讀書室。由於這是
從客廳就能看見的空間，因
此放置著LYON社置物櫃之
類，注重空間設計感的心愛
家具。4 以三層文件架和文
件盒管理文件，空間顯得簡
潔俐落。5 運用牆壁角度區
隔的工作空間。

KITCHEN &
PANTRY

1、4 設置在廚房深處的食品櫃，打造成「出色收納」中最高級的「迷人收納」，如此一來就不會單純淪為儲物室。盒子可收納大量儲備糧食。至於容易忽略的食材和必需品，則特別採用開放式收納方便存放管理。2 乾貨和五穀雜糧則是以透明密封罐貯藏，罐內物品可一目瞭然。賞心悅目的貯藏方式，讓料理人的心情也為之一振！3 辛香料和粉末類裝入相同的收納容器可提升機能性。看不清楚內容物的調味料只要貼上標籤便一望即知。

在格局上費了一番功夫的高山一子女士，其住家是在7年前請建築師設計的獨棟宅邸。由於建地為不方正的變形敷地，所以無法委託建商套用制式格局，為了打造新居只好拚命啃書來規劃建造這個家。

過去高山女士都是住在普通格局的大廈，曾因為收納不順手導致三天兩頭更動擺設。「所以我下定決心，要創造出可恰好到好處收納物品，無需更動擺設也能百看不厭的生活空間。」

搬進新家後，剛開始還能隨心所欲的收納物品，但後來忙於工作和育兒就沒時間整理環境……

就在這時，她邂逅了生活規劃術。「透過學習整理收納，我不僅如願以償獲得能夠輕鬆收納的空間，更擁有了被喜愛物品包圍的家。」簡約的白色空間搭配褐與黑色的室內佈置，充分展露出高山女士的「喜好」。「雖然如今已有顧客在委託工作時表示『也想打造成高山女士住家那樣的空間』，但過去的我卻是因為害怕失敗，完全不敢佈置家裡。

成為生活規劃整理師後，我的喜好才趨於明確，並且對佈置感到樂在其中。日後還會因應生活型態來變化空間，持續提升空間品質。」

以對比色打造「瀟灑風簡淨居家」。廚房的餐具與烹飪家電全部採用大型抽屜式收納，平時抽屜保持開啟狀態，有訪客時才會如圖關上，頓時顯得簡潔清爽。

DINING ROOM

LIVING STORAGE

客廳一側的收納空間，皆是家人使用的文具和小物。書面資料只要投入文件盒就好，是相當簡便的收納法。

營造想維持整潔的空間，
激發整理幹勁！

CLOSET

5、6 服裝按顏色分類吊掛，小物和疊好的褲子則是利用電視櫃作成展示型收納。不僅賞心悅目也方便歸位。

6

5

時時刻刻意識
「思考整理」的重要性。

本間ゆり女士
Yuri Homma

生活規劃整理師協會講師、住宅規劃整理師、Kuraci Design一級建築師事務所經營者。育兒經驗使她切身體認居住環境對孩子們的重要性。從整理收納到室內翻修、改建皆可委託，協助顧客打造簡約完美居家生活。

Data
●現居埼玉縣　●丈夫、兒子的 3 人家族　●屋齡 9 年的公寓
●2LDK＋WIC、74 ㎡
※ 此為 2017 年的資訊。

慣用腦

Input 右腦　Output 左腦

KITCHEN

1 在中島二字型廚房，原本在流理台上方的吊櫃，入住翻修時拆除了，改安裝在冰箱上方，補足廚房的收納空間。2 從客廳不易望見的冰箱旁死角空間也充分活用。冰箱側面不僅放了一大一小的保鮮膜收納盒、磁吸式掛勾及收納箱，還在冰箱和牆壁之間安裝伸縮桿，形成吊掛式收納空間。而收納箱中居然放著「英語廣播會話」的講義，因為她會邊準備早餐邊進修英語。

DINING & KITCHEN

重新翻修時把原有的2間房間打通為1間，更拆除廚房的吊櫃，使空間更加寬敞，進而擺設大型收納家具。3 與廚房相鄰的工作區，是同為1級建築師的丈夫親手為兒子DIY打造。4 對深度60cm的收納櫃，使用A4尺寸的文件盒進行前後雙層收納，充分利用空間。這是資料堆積如山的本間家，特有的收納法。

擁有建築師執照的本間ゆり女士，居住在重新裝修改建的公寓。由於她很清楚新家需要的隔間和收納規劃，於是當機立斷運用建築師的專業，在房屋規劃方面大顯身手。

本間女士當初會知道生活規劃術，是在育兒告一段落的閒暇之餘，偶然瀏覽到鈴木尚子女士的部落格。她認為「這對工作肯定有幫助」，於是報名聽課。她表示影響自己最深的課程內容，就是「思考整理術」。

她運用思考整理術釐清自己真正想作的事情，居然得到了出乎意料的答案：「原來自己不想托育孩子回歸職場，而是想專心育兒。」

「多虧了這點，我才能在小孩上大學前以育兒為主，同時專心投入自己能力範圍內可完成的工作。」她精心規劃的樂高積木收納方式，充分流露出對於兒子滿滿的愛，連其他生活規劃師們都自嘆不如（於P.40介紹）。

「我接受委託工作時，也會協助客戶進行『思考整理』，這樣才能替他們打造真正夢寐以求的家。」

LIVING ROOM

1 客廳中最引人注目的，是角落的展示櫃。原本是她丈夫親手打造的書架，如今已變成展示兒子作品的「樂高展示櫃」。2 採納兒子意見改造而成的「樂高展示櫃」，將上下層板的間距縮短，以便展示大量作品。3 其餘的樂高零件也收納在電視附近。經常用到的零件放在電視櫃下面，少用的零件則是收納在左側深處的櫃子中。

CLOSET

原本的儲物室DIY改建成步入式衣帽間。4 將木圓棍穿入牆面的支架，即成為領帶架，只要黏貼止滑帶就能防止領帶滑落。5 在牆上安裝L型木架，並且添加門把和掛勾等零件，丈夫專用的收納空間就打造完成，可暫時吊掛西裝。6 前方的空間給身型較大的丈夫使用，方便丈夫著裝，較窄的後方規劃給本間女士使用。

在收納方式下功夫
讓真正重視的物品
成為住家的一部分

MY WAY　獨家祕訣

重視住家的舒適性，
以及屋內整體空間的氛圍。

●物品的取捨標準
設計和質感，使用起來是否順手，以及帶有
家族回憶等有著紀念價值的物品。
●居家整理重視的要素
（就個人而論）重視與家人共享美好居家環
境的想法。
●收納方法的取決標準
外觀賞心悅目，能夠輕鬆省事。
●收納用品的挑選標準
能毫無壓力的取放，尺寸是否符合擺放位
置。方正規矩的物品。
●整理家人物品的方式
丈夫和兒子在整理時，我以支援角色幫忙搬
東西和打掃協助他們。
●清爽過生活的祕訣
食品或日用品之外的其他物品，必須審慎考
慮是否有擺在家中的必要。

BOOK SHELF

7 本間家最值得著墨的收納
方式，莫過於這個超大容量
的書架。由於是打通牆壁設
置的書架，細看會發現可以
透過書的間隙望見對面。2
從走廊望去的情景。在寢室
與走廊之間的牆面上裝置
「無印良品」的自由組合層
架。9 從寢室望去的情景。
書架是鑲嵌於牆面上，因此
沒有傾倒的問題。基本上，
書背都是面向走廊，唯有兒
子的睡前讀物是面向寢室。
據稱由於公寓的氣密性高，
因此不會特別感到寒冷。

PANTRY

為維持開放式廚房的清爽感而另行設置的餐廚儲藏室，但是卻沒有安裝櫃門。在看得見的位置擺設「賞心悅目的物品」，至於走進去才會看到的位置，則分別擺放著烹飪家電和必需品等。

省事愉快的
專屬生活規劃，
讓家人們也笑口常開。

慣用腦

Input　右腦　Output　右腦

瑞穗まき女士
Maki Mizuho

生活規劃整理師協會講師·衣櫥規劃整理師。離開任職的服飾公司後當了10年的家庭主婦，然後以職業婦女之姿擔任建築公司的經理，擁有15年中階主管資歷。遇見生活規劃術之後，便向客戶提出快樂過日子的「美人化計劃」。

Data
● 現居日本東京　● 丈夫、女兒及兒子的4人家族　● 屋齡14年的公寓，進行過格局翻新工程　● 3LDK+WTC、95.78 ㎡
※ 此為 2017 年的資訊。

LDK

瑞穗女士在翻修整建LDK時便抱持著「洗鍊優雅，增添些許自然感」的視覺意象。而她也確實打造了令人想久待的舒適空間。※LDK是日本住宅獨有名詞，為客廳Livin／餐廳Dining／廚房Kitchen的簡稱。

瑞穗まき女士將屋齡14年的公寓進行格局翻新的裝潢工程，在夢寐以求的空間內度過愉悅的家居生活。目前她與丈夫、女兒、兒子和3隻貓同住一個屋簷下。放眼這間住處的LDK區，天然材質的風情與優雅氛圍交織出絕佳的美感平衡。室內裝潢固然美好，但符合屋主生活型態的室內動線和收納計劃，才是該空間真正的價值所在。當我得知瑞穗女士的本業是建築營造，不僅看得懂設計圖，也喜歡更動室內擺設及整理收納，才頓時恍然大悟。

但如此精明幹練的瑞穗女士，之所以正式學習生活規劃術的契機，卻是因為女兒的拒絕上學。

WASHROOM

1 家人與訪客共同使用的盥洗室，兩邊皆有出入口，打造出從玄關和寢室皆可自由往返走廊與廚房的動線。在必經之處的門口旁設置了大容量的開放式收納層架，擺放著沐浴後使用的毛巾浴巾等。2 倒映在洗手台鏡子上的狹長型開放式層架，原本要作成牆壁封起。當初瑞穗女士看設計圖發現這個縫隙，才改造成目前的收納層架。雖然寬度僅15cm，卻能收納備用的擦手巾、清潔劑和衣架等，相當實用。3 盥洗台旁常備多組裝有十條擦手巾的收納盒，方便遞補備用。下方抽屜內安置了收納籃，方便將使用過的擦手巾集中。如此一來即形成了「將手擦乾後，順手擦乾洗台四周的水滴，再丟入籃中集中」的整理動線。

實現一氣呵成的家務作業，與兼具美觀的整理動線。

最初原本想跟女兒一起進行整理的瑞穗女士，卻總是和女兒的想法格格不入。接觸生活規劃術之後，她才切實體認到「每個人的價值觀都不同」，初次理解「不了解別人是很正常的」，她頓時感到如釋重負。

此外，雖然現在只挑選真正喜愛的物品，讓她衣櫥內的衣服越來越少，卻比以往擁有許多衣物更快樂（衣櫥將在 P.46 詳細介紹）。

瑞穗女士鑑於自身經驗，秉持「整理收納為女性帶來笑容，笑容會增添女性魅力」的想法，開始提供居家整理的諮詢服務。

KITCHEN

白色搭配灰褐色的美麗廚房。採用能輕易取出內層物品的抽屜，收納力滿分。
流理台下方存放平常會使用到的餐具。

4 流理台對面訂做開放式收納櫃，其實是為了遮掩
插座和對講機所作的設計。層架的隔板配合私人收
藏的籃子高度來安裝，層架上的籃子不僅是擺飾，
亦是收納用品。5 瑞穗女士習慣在烹飪前先將餐具
擺在中島上方的平台上。所以將餐具收納在中島下
方，這麼一來就省事多了。

1 在抽屜內以淺方格收納盒來分類收納，讓飾品小物一目瞭然。2 具有櫥櫃規劃師執照的瑞穗女士，將寢室的一整面牆裝修為專用衣櫃，並於其中一扇櫃門鑲嵌鏡子，節省擺放鏡子的空間。採用左右開啟的全開式拉門，櫃內情況便盡收眼底（參考左頁上圖）。3 衣櫥上櫃的收納層又劃分成 2 層，扁包平放在下層，上層則是立放包包，為了清楚內容物為何，在防塵袋加上了標籤。

CLOSET

4 丈夫的衣櫃位在寢室和玄關之間的步入式衣帽間，也就是鞋櫃（左頁下圖7）的對面。開放式收納可以清楚掌握持有物品，容易維持整齊狀態。5 靠近玄關處的抽屜櫃專門收納飾品配件之類的小物。抽屜外貼有「手錶・打火機」、「眼鏡・太陽眼鏡」等內容物的標籤。到家時，口袋及包包內需要暫放的物品，則是置於抽屜櫃上的托盤。無論準備出門還是回到家皆能暢行無礙。

CLOSET 由於瑞穗女士習慣從褲子開始思考穿搭，因此右邊為下半身的褲、裙，左邊為上衣，披肩等配件則是收納在下方。特地規劃成逆時針動線。

令家人行動自如的「外顯式收納」&
精心規劃的生活動線，既省事又省時！

ENTRANCE & CLOSET

6 瑞穗宅邸的玄關。通道式衣帽間內設有大容量的鞋櫃（圖7）。雖然她規定在玄關脫鞋後要放入鞋櫃，但丈夫仍是常常忘記。於是便在玄關設置了丈夫專用的白鞋櫃，看見鞋子放在玄關的人，就會順手放入鞋櫃。7 開放式鞋架相當方便分類管理鞋子。由於鞋櫃對面即是盥洗室，因此形成回家後脫鞋、順手歸回鞋架、再進盥洗室洗手，一氣呵成的生活動線。

關於生活規劃術的全球動向

整理收納的問題不僅限於日本，
世界各地也有許多商務人士、家庭主婦與主夫們為其所困。
本篇將介紹以美國為主及全球各國的協會動向。

　　生活規劃術的起源—美國專業整理師，成立了各式各樣的職業團體並積極展開活動。其中最大的團體NAPO（National Association of Productivity & Organizing Professionals），成員已超過3,500人（2021年）。每位整理師皆活躍於各自擅長的專業領域，除了住家與辦公室空間規劃，也橫跨生活、人生、時間與金融資產等範疇。

　　此外，NAPO的合作團體主要有ADD（注意力缺失症）和ADD/ADHD（注意力不足過動症）的腦機能障礙相關，以及強迫儲物癖，無法整理的慢性囤積症患者等專業研究團體。日本生活規劃術協會與ICD（Institute For Challenging Disorganization）於2011年3月締結合作且定期交流資訊，同時也舉辦CLO（Certified生活規劃整理師）資格認證，取得認證者可共享ICD的資源。

　　在美國，普遍認為整理與精神的關係密不可分。因此由心理諮商師與治療師共同協助無法整理居住環境的人，也是相當常見的現象。

　　由於世界各國有越來越多人被排山倒海的資訊與物品淹沒，為整理收納困擾不已。於是整理師協會的國際聯盟IFPOA（International Federation of Professional Organizing Associations）於2007年成立。除NAPO、ICD以外，加拿大的POC協會、荷蘭的NBPO協會、以及JALO日本生活規劃整理師協會也在2012年加盟。此後英國的APDO協會、巴西的ANPOP、韓國的KAPO、義大利的APOI、中國的CALO、西班牙的AOPE等協會也紛紛加入，專業整理網絡因此在世界各處迅速發展。

Part ②

生活規劃術的執行流程

生活規劃術是一種任何人都能重現的整理手法。
本單元將會解釋整理前奏的「思考整理」&「慣用腦」概念，
並詳盡說明整理·收納的具體步驟。
同時也透過生活規劃術的實例分享，
幫助大家認識整理收納的執行流程。

Life
Organize
整理思維再整物，
一勞永逸的科學化收納法！
新增版 好感生活規劃教科書

Check ①

- ☐ 經常在找東西
- ☐ 搞不清楚家中物品的擺放位置
- ☐ 興趣廣泛，而且有收集癖
- ☐ 超愛百元商店和銅板價商店
- ☐ 別人給的物品一律照單全收
- ☐ 家中充滿擺明是垃圾和用不到的物品

Check ②

- ☐ 家中物品雖多，但清一色是日用品
- ☐ 房屋（房間）本來就不大
- ☐ 有3位以上同住家人
- ☐ 有使用跟沒使用的物品都混雜在一起
- ☐ 用完的物品無法物歸原位，扔在地上不管
- ☐ 有很多像是壁櫥一樣深度的收納空間

找出「整理障礙」在哪裡？

先來調查你無法整理的原因吧！

Self Check ①
分析檢測整理障礙

雖然很多時候，無法好好整理的原因不只一項，但若能發現最大的障礙在哪裡，就能輕易找到解決方案。生活規劃整理師會觀察並分析人的行為模式，掌握客戶會遇到哪些整理障礙，進而擬定對策。

本篇會用這套分析方法，為各位進行簡單檢測，先試著找出妨礙「整理行為 ※」的整理障礙吧！

進行全方位的檢查吧！
符合敘述的選項請打勾。

※「整理行為」是目白大學大學院心理學研究科元井沙織博士提出的概念。整理行動的定義，是透過處分不需要的物品，避免自己房間（空間）物品過多的管理模式，並按一定標準分類物品，替物品決定固定位置，最後物歸原位，包含這一連串整頓動作等環節。

Check  5

- ☐ 家人和周遭人不肯幫忙整理
- ☐ 頻頻被家人問物品放在哪裡
- ☐ 經歷過結婚、生產、搬家、轉職、復職等人生轉機
- ☐ 對於整理方法一竅不通
- ☐ 即使想要整理，卻很快就感到疲憊
- ☐ 雖然想好好努力，但成果卻不如預期，然後陷入自我嫌惡

Check 3

- ☐ 有心整理卻總是提不起幹勁
- ☐ 搞不清楚心中的理想生活和整理的目標
- ☐ 現階段就算不整理也無所謂
- ☐ 捨不得丟棄用不到的物品
- ☐ 不曉得該從哪裡開始著手整理
- ☐ 既然要做就想做到完美

在此記下您勾選的數量吧！

Check ① _____ 個

Check ② _____ 個

Check ③ _____ 個

Check ④ _____ 個

Check ⑤ _____ 個

Check 4

- ☐ 忙於家務、育兒和工作，抽不出時間整理
- ☐ 明知該整理卻一再拖延
- ☐ 覺得整理是很麻煩的事
- ☐ 即使開始整理也很快就分心，難以專注
- ☐ 經常衝動購物，衣櫥裡有很多連標籤都還在的衣服
- ☐ 每次整理後，沒多久又恢復原樣，感到很挫折

 對應次頁的檢測分析
來看看自己是什麼類型吧！
勾選數量最多的
就是「整理障礙」的原因

生活規劃術不只著眼於物品和空間，而是以人為本來思考，依照個人情況挑選物品和整頓空間的加乘整理法。所以整理障礙的分析，必須依照人・物品・空間三大要素來劃分類型。

4 整理障礙＝個人的行動和習慣

聚焦在個人的「行動和習慣」！首要之務是掌握自己和家人的行動慣性，請先瞭解 P.53 起的類型吧。

1 整理障礙＝物品

聚焦在「物品」！請參考P.56起的內容，先好好面對手邊的物品，以「分類」來解決問題吧。

5 整理障礙＝個人的環境和關係（狀況、狀態）

聚焦在個人的「環境和關係（狀況、狀態）」！也許你面臨到很多無法自行解決的問題。請先來學習 P.56 至59 的規劃流程吧。

2 整理障礙＝空間

聚焦在「空間」！你需要的是分類後的「歸位」技巧。請務必閱讀 P.58的歸位的具體流程。

6 整理障礙＝太多複雜因素構成

毫無懸念地尋求專家的協助吧！別浪費時間煩惱了。來了解 P.62 的專業整理體驗報導吧。

3 整理障礙＝個人的思考和情感

聚焦在個人的「思考和情感」！過去整理成效不如預期，原因在於尚未整理思考。請研究看看P.56的Q①～⑤。

 基於整理障礙和慣用腦的行為習性，請參考P.56「開始著手進行生活規劃術吧！」，將整理的想法化為行動吧。

您的慣用腦是？

快來檢測接收慣用腦與傳達慣用腦吧！
辨別方式，
Input＝十指交扣，
Output＝雙臂交叉。
自然而然的交握雙手和雙臂後，
觀察位於下方的是左手還是右手即可。

Input接收
＝十指交扣

如圖片十指交扣，
檢查哪隻手的拇指在下方。

左手拇指在下方
➡ 左腦型

右手拇指在下方
➡ 右腦型

Output傳達
＝雙臂交叉

如圖雙臂交叉，
檢查哪隻手臂在下方。

左臂在下方
➡ 左腦型

右臂在下方
➡ 右腦型

次頁將會分析
4種慣用腦傾向。

生活規劃術認為慣用腦代表大腦發達的區域，同時也是了解自我的線索之一。人腦分為左腦和右腦，左右腦各自掌管不同的功能（參考下圖）。

「慣用腦」形同慣用手和慣用腳，代表採取行動和思考時無意識中會優先使用的腦。藉由確認偏愛使用的是左腦還是右腦，就能找出讓自己輕鬆愉悅的整理方式。

接下來，再進一步檢測「接收慣用腦（Input）」和「傳達慣用腦（Output）」吧！接收腦掌管腦部的資訊彙整，傳達腦則是將大腦整理過的資訊呈現於行為。將這套理論應用在整理收納，便是Input＝找尋物品、Output＝物歸原位。釐清兩種慣用腦的傾向後，較容易推敲出方便搜尋及歸位的方法。

右腦和左腦的發達領域＆掌管功能

左腦　　　　　　　　　　　　　右腦

左腦	右腦
說話	靈感
書寫	直覺
分析能力	圖象記憶
理論性	藝術性
科學思考	創造力
推理	空間感
語言認知	綜觀理解力
計算	同時處理資訊
數學理解力	解讀圖像

- 掌管右半身
- 理智性認知事物，階段性接受，理性處理
- 掌管日常重複的行動模式（例行性工作）
- 能察覺事物的微末細節

- 掌管左半身
- 直覺性接收事物
- 喚起情感的中樞
- 從環境察覺到意料之外的刺激（外敵的攻擊等），認知外在刺激與空間的相互關連（認知安全場所）

4種慣用腦類型的傾向

接收：左腦　傳達：左腦

 腦型

基本傾向

- 凡事都會評估風險的慎重派
- 重視過程更勝於結果
- 對於數字和計算公式等文字資訊的處理能力較強。
- 偏好簡潔的外觀和內容
- 優先考量機能性和合理性而非設計

整理傾向

- 適合守舊的整理方式
- 擅長依使用頻率分類物品
- 對於無明確劃分的自由空間感到無所適從
- 喜歡替物品貼標籤和列清單管理
- 擅長分門別類和集中管理

接收：右腦　傳達：右腦

 腦型

基本傾向

- 情感豐沛富含表現力
- 精通音樂和藝術層面
- 沒興趣就難以持久
- 重視直覺和感性勝過合理性
- 易隨波逐流優柔寡斷

整理傾向

- 以空間來掌握物品位置
- 不擅長歸位的例行性工作
- 適合粗略分類物品
- 偏好迅速取出，迅速收回的模式
- 易受美感刺激而湧現幹勁

接收：左腦　傳達：右腦

 腦型

基本傾向

- 思考跟行動不一致
- 有自己的一套堅持
- 重視內在勝於外在
- 容易沉迷於某事物中
- 能夠快速轉換心情

整理傾向

- 超愛變換花樣
- 感性的收納創意也與眾不同
- 不太會參考其他人的做法
- 有一套收納規則就能順利執行
- 沒看到日用品就會忘記它的存在

接收：右腦　傳達：左腦

 腦型

基本傾向

- 凡事皆想由自己作主的完美主義
- 自我表現力強，具設計品味
- 對於「最新」‧「限定」沒有抵抗力
- 固執，易忽視周圍的意見
- 明辨是非

整理傾向

- 只要覺得「美形」就會湧現幹勁
- 重視空間的視覺呈現
- 偏愛機能性分類
- 無法勤於整理
- 有時會花很多時間挑選物品

行為特性檢測表

慣用腦會因為周遭環境和後天訓練而有所改變。
例如擔任經常與數字和計算為伍的經理,
或從事研究工作都會鍛鍊腦部,
使行動模式日漸趨向於左腦型。
「行為特性檢測表」可測驗出您的後天習性。

左腦型特徵

- ☐ 偏向勤懇的埋頭作事
- ☐ 喜歡事前擬定計畫再進行
- ☐ 擅長決定優先順序
- ☐ 作任何事都會事前擬定計畫
- ☐ 凡事喜歡「計畫化」
- ☐ 樂於完成計畫
- ☐ 物品經常放回固定位置
- ☐ 一次只能進行一件事
- ☐ 能夠輕鬆貫徹預定計畫
- ☐ 喜歡處理文書資料
- ☐ 會逐字逐句閱讀
- ☐ 會製作購物清單,進行計畫性購買
- ☐ 喜歡歸檔
- ☐ 擅長獨立作業
- ☐ 會遵照手冊指南操作
- ☐ 準時不遲到
- ☐ 不以例行性工作為苦

符合項目
合計　　　　　　　　　　　　　項

右腦型特徵

- ☐ 作事情喜歡一鼓作氣
- ☐ 經常拖延事情
- ☐ 難以決定優先順序
- ☐ 有「船到橋頭自然直」的想法
- ☐ 待人處事偏向柔和有彈性
- ☐ 覺得腦力激盪很有趣
- ☐ 物品擺在看得見的範圍內
- ☐ 能夠同時處理許多事情
- ☐ 不擅長評估作業時程
- ☐ 不擅長處理文書資料
- ☐ 看書偏好快速瀏覽
- ☐ 不會擬定購物清單,喜歡在店內隨意閒逛
- ☐ 不擅長歸檔
- ☐ 周遭有人時,工作進展較為順利
- ☐ 不看操作指南就直接動手
- ☐ 經常遲到
- ☐ 不喜歡每天重複相同的作業

符合項目
合計　　　　　　　　　　　　　項

兩欄相比,符合選項總數多出3項以上的,就是您行為特性的傾向。

如果兩種類型勾選的數量差不多,代表左右腦發展的相當平衡。
透過「行為特性檢測」可得知,後天特性擁有70%的影響力。
因此即使得出的結果與手指·雙臂交叉測驗的傾向相異,
仍然以「行為特性檢測」的腦類型判定為主。

生活規劃術的方法和流程

生活規劃術的三要素
人　物品　空間

↓

認識自我
● 確立價值觀和理想　● 了解慣用腦

↓

Step ❶ 分類　釐清物品的
數量和用途

Step ❷ 歸位　物品以方便拿取與
歸位的方式收納

Step ❸ 檢視　為了常保舒適
需要定期檢視與維持

開始著手進行
生活規劃術吧！

只要掌握方法和流程
就能輕鬆進行

生活規劃術的收納手法，
已發展成任何人都能輕易重現的體系。
只要循序漸進的完成3個步驟，
就能找到適合自己的收納方法，
想打造專屬收納計畫，
快來按部就班的動手試試看吧！

確認自己的「理想」和「價值觀」吧！

Q❶ **想過什麼樣的生活？**

想到後儘量具體寫下來。

Q❷ **當下最重視的是什麼？**

試著列舉出腦中浮現的所有關鍵字。

Q❸ **理想的生活與現況有什麼樣
的落差？**

有就試著寫下來。

Q❹ **最想改變的場所（物品）
是哪裡？**

Q❺ **為了達成目標，
列舉出今天（或是一週內）
辦得到的事項。**

整理前先確立「價值觀」，
為成功的祕訣所在

　談到整理收納，難免會聯想到清理物品，
於收納場所下功夫的印象，但生活規劃術是
從全盤性的掌握來作起，也就是認清自身價
值觀、行動習性和慣用腦類型。

　先捫心自問「我想過怎麼樣的生活？」、
「重視什麼？」、「採取什麼樣的生活方
式？」，來確認自己的價值觀和理想吧。

　所謂價值觀，就是判斷事務的基準。當基
準明確化，就能夠順利執行生活規劃術的三
步驟——「分類」‧「歸位」‧「檢視」。

　先把渴望整理屋內雜亂的心情放在一旁，
按步驟進行。首先，請回答左邊5個問題。

「分類」的具體流程

拿出所有物品

↓

按關鍵字進行
挑選‧分類

↓

保留的物品放回收納空間

↓

清理不需要物品
※ 請參考 P.102‧103 頁的資源再利用名冊進行處分物品吧。

決定「挑選」與「分類」的四個關鍵字分類方式

分類時別用二擇一的方式來區分物品，而是把物品粗略分為四大類。您可以配合兩個基準軸將物品分成4大類，或是用3個關鍵字和「其他」來分類物品。快找出方便判斷的分類關鍵字吧！

當然也可參考重視情感的「4Ts Grid」分類法，或是以慣用腦類型的個別關鍵字來分類。

4Ts Grid

注重「情感」和「機能性」的分類法。4個T分別是Treasure（寶物）、Toys（玩具）、Trash（垃圾）、Tools（工具）的開頭字母。

具體作業的第一步就是「分類」。當持有物品的數量多到空間無法容納時，就有精簡的必要。話雖如此，但生活規劃術的優點在於「整理環境不必從丟棄物品開始做起」。別把分類與丟棄劃上等號，這麼做的目的是替自己挑選出真正重要物品。開始實行精簡的步驟前，必須先掌握整體。將放在收納空間內的物品全部拿出來擺在一起，然後依序拿起來進行「挑選」和「分類」。

如果以「需要與否」作為物品的篩選基準，會很難兼顧到感受層面。因此建議各位採用將物品分類成4項的方式。

決定分類項目的標準，以個人容易判斷即可。為此，價值觀之於本步驟尤其重要。不同的慣用腦也有各自偏好的分類標準，請參考左下方的關鍵字，嘗試各種分類法吧！

慣用腦類型的關鍵字

 腦型

擅長理性思考，以時間軸和使用頻率作為分類關鍵字，較能當機立斷。

 腦型

重視感覺勝於理論，建議以「喜歡／不喜歡」的情感關鍵字為主軸。

 腦型

重視個人的自我規則，不妨跳脫脫軌，採用「自己容易理解」的關鍵字來分類。

 腦型

講求合理性和情感面兼顧，不妨以使用頻率和情感等複數關鍵字進行分類。

Step ❷ 歸位

挑選出需要的物品後，接著是進行「歸位」的作業。通常我們整理房間和改善收納時，往往容易同時進行步驟1「分類」和步驟2「歸位」同時並行，但是將步驟1和2分階段實行會更得心應手。

本步驟的重點，在於思考每一物品好用易收的場所在哪裡，然後替物品找到固定位置，也就是決定物品的住處。

例如「衣服掛在衣櫃」、「食品放在廚房」等既定常識，是否符合自己的行動和生活習慣應該另當別論。請盡量跳脫既有思維，思考物品該在何處、以何種的方式收納，才能省事輕鬆的使用物品。

「歸位」的具體流程

實際測量

精準掌握收納空間的實際大小。清空物品後進行測量，切記任何凹凸處都不要放過。
※ 實測重點請參考 P.60 頁。

↓

劃分區域

大略決定何處要擺放什麼。以使用頻率及使用場所為判斷根據。

↓

評估收納方法

從物品的使用方式，自身的腦特性和行動類型兩方面來考量，選擇「擺設」、「吊掛」和「抽屜」等合適的收納方法。

↓

選擇收納用品

決定收納方式後、及從這個步驟才開始選擇收納用品。一定要實際測量好物品和收納空間的尺寸。

↓

配置

試著依先前劃分的區域實際配置物品吧！將此階段當作「暫放的概念」就OK。

↓

物品歸位（收納）

使用收納用品，將適量的物品放至收納空間。

「歸位」的訣竅

- 別從挑選收納用品開始進行。
- 精確掌握物品和收納空間的尺寸（實際測量）。
- 自己決定物品的合理數量。
- 留意物品的使用方式，像是使用場所、使用頻率、重量等。
- 關於物品的就定位和收納方法，也同時參考腦類型和行動特性進行考量。
- 將性質相似的物品集中在一起。
- 避免使用取放麻煩的收納用品。
- 收納用品請挑選能夠隨時添購的基本款。

整理金字塔圖

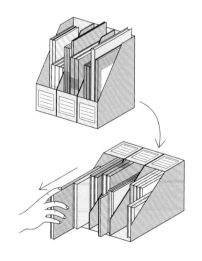

習慣化 {
- 收拾・打掃
  物歸原處・清除髒汙
- 整頓
  建立秩序，恢復外觀整齊
}

奠定美好
生活的基礎 {
- 收納
  方便好用的收納方法
- 整理
  分辨需要與否，決定物品定位
- 生活規劃術
  俯瞰空間、生活和人生，加以規劃
}

整理和打掃是不同行為。這張整理金字塔圖內的收拾‧整頓‧收納‧整理的所有環節被稱為「※整理行動」。而生活規劃術，是幫助大家擬定出能順利實行以上所有環節的最佳方案。

Step ❸ 檢視

「檢視」才是生活規劃術最重要的步驟。精簡物品數量、完成整理和收納，若只能維持短暫的整潔無法長久，是無法接近理想生活的。

想保持空間井然有序，必須設計出一套讓收納「習慣化」的作業模式。請反覆檢視以下三種維持作業，尋找適合自己的方法吧！

沒有人能一次就擬訂出百分之百適合自己的生活規劃模式。當物品又開始散亂及無法歸位時，請思考「這套規劃模式中的哪個部份與自己的生活作息步調不合？」，並重新審視物品的配置及收納方法。

請放心！本書介紹的生活規劃師們，當初也是花費不少時間後才打造出完善的整理規劃。請懷抱著達到自我目標的期待，並以樂在其中的心情實行步驟3吧！

「習慣化」的訣竅

- 認清自己容易持續的方法。
- 記得給達標期限預留緩衝時間。
- 目標要單純＆簡單。
- 從小處開始著手。
- 勿一心多用，一件一件地踏實完成。
- 選擇『不容易忘記』和『能夠長期做到』的方式。
- 找出能提供支援的幫手。
- 訂立例外規則。

實際測量的注意事項

- 看起來方方正正的四角形空間，其實也有許多凹凸處。像是踢腳板、插座、開關、門框等處，都要毫不遺漏的測量。
- 收納用品要挑選比收納空間實測尺寸再小1cm的規格。
- 以櫃門寬度，或櫃門打開時少3cm的尺寸來規劃收納用品，較為保險。
- 測量拉門時，要留意兩門片中央的重疊處。請測量櫃門打開狀態時的有效實際尺寸。
- 建議使用寬25mm、長5.5m以上的捲尺。
- 繪製結構圖時要縮小比例。繪製家具時比例縮小至1/30較恰當。若是繪製整間房屋，則縮小比例為1/50或1/70較能一目瞭然。

實際測量壁櫥的注意事項

- 測量不含踢腳板的深度
- 測量壁櫥寬度時，要減去拉門中央重疊部分的尺寸，才是門片內部的有效利用尺寸。
- 測量高度時，中層、內隔板和頂櫃面板也要一併考慮進去。

實際測量衣櫥的注意事項

- 留意門片開啟時的重疊部分。以櫃門全開時的正面寬度為準。
- 內收式門片的深度，要扣除門片的厚度。
- 別遺漏踢腳板之間的凹凸處，請分別測量尺寸。
- 如果櫃內有吊桿，請測量吊桿以下的高度（高度①）。
- 如果拆除吊桿收納，請從層板下方開始測量高度（高度②）。

用語解說

踢腳板
貼在地板和牆面交界處的板材。在日本，和室以「雑巾ずり」稱呼，西式房間則稱為「踢腳板」。

門檻
作為室內隔間而舖設的橫木，用以承載洗好溝槽和軌道的房門、拉門、隔扇等門片。

門楣
位在房門、拉門、隔扇等門片崁入處的上端，洗好溝槽的橫木。

Check **1**

收納空間的
測量重點

步驟2的「歸位」作業中，
最重要的莫過於實際測量收納空間和
收納物品的尺寸。
精準掌握尺寸，挑選適合的收納用品，
不只可締造整潔收納，
還能使步驟3的「檢視」作業變得省事許多。
本篇以凹凸處比想像還多的
壁櫥和衣櫥為例，
說明空間測量法的要點所在。

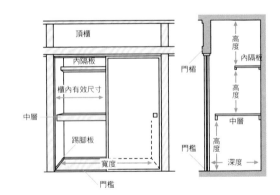

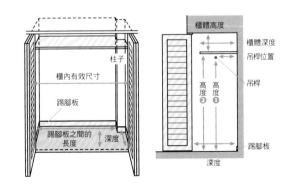

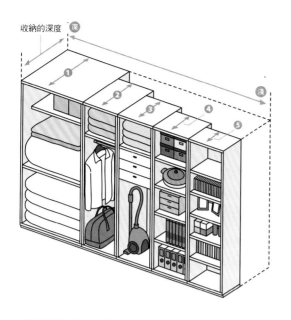

收納的深度 深

深

與收納有關的 深度和高度

現成家具幾乎清一色的採用公定規格，
也就是標準尺寸去製作，
居家收納空間也不例外。
先分別記好標準尺寸，
讓步驟2「歸位」的作業
更輕鬆順利進行。

收納深度＆適合的用途

❶ 壁櫃尺寸

75～95cm

日式住宅的壁櫃尺寸分為75cm的團地間，
88cm的江戶間以及95.5cm的京間。
主要用途為收納被褥。將被褥‧棉被、床墊
摺成三摺便能收納。壁櫃專用的收納箱一般
尺寸是70～74cm。

❷ 衣櫃尺寸

60cm

能夠輕鬆收納服裝肩寬的深度為準。收納吊
掛式衣物或行李箱等。

❸ 五斗櫃尺寸

45～50cm

抽屜的標準深度是45cm。可收納摺疊的衣
物、風扇、吸塵器和縫紉機等。

❹ 空箱尺寸

30～40cm

收納如書籍、A4尺寸的文件（約30×21cm）、
餐具、鍋具、食品、鞋類等物品。橫放型文件
盒的深度為32～33cm。

❺ 文庫本尺寸

15cm

可收納字典、CD、DVD、收音機、化妝
品、相框等雜七雜八的物品。

方便使用的標準深度＆高度

深度

站立時抬起前臂的長度約30cm，將輕鬆伸直手
約50cm，此即方便使用的深度。

高度

75～95cm

● 抽屜的高度上限，應為視線高度以下。如果抽
屜頂端低於下巴，站著就能確認抽屜內容物。

● 地板往上45cm（膝蓋附近）到下巴下方一
帶為方便使用的高度。如果抽屜高度低於站
立時垂下手臂的掌心，就必須蹲下才能使
用。物品方便取用的順序為中 ➡ 低 ➡ 高。

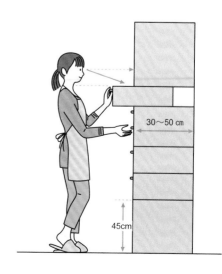

30～50cm

45cm

專業整理 體驗報導

藉由觀摩生活規劃師的 規劃案例作為參考吧！

舉凡個人住家到辦公室搬遷
都一手包辦的生活規劃師，
究竟是如何進行規劃呢？
以下是生活規劃師輔導顧客
將問題明確化，並達到終極目標——
「習慣化」的實際體驗報導。

體驗委託人 藤岡信代

自由撰稿人。本書撰稿編輯。自認熱愛室內
佈置卻超不會整理。慣用腦因工作性質為
左左腦類型。

搬家的行李完全沒整理！
想消除累積的壓力
或許只能仰賴專家之手了。

　這次體驗生活規劃術的委託人，是本書的撰稿編輯藤岡信代。她搬離了公寓與獨居的母親同住。雖然是小規模的搬家，卻攜帶了兩個世代的行李，縱然租借了超過80㎡的寬敞房間，但行李的量卻遠遠超乎想像！尚未整理的紙箱從廚房一路堆到客廳，每天過著閃避紙箱的生活，忍耐已到達極限……於是她委託生活規劃整理師整理大量物品，並為母親規劃方便順手的廚房收納計畫。

事前收集情報

　「仰賴專業人士會比較有效率喔！」生活規劃師会田麻実子女士向我毛遂自薦。過著簡潔時尚生活的她（於P.70起介紹），卻是位聲稱自己「超懶散」，個性親切開朗的生活規劃整理師協會講師。我們很快就透過E-mail進行事前諮詢。「最頭痛的問題是什麼？」、「想要過什麼樣的生活？」當我逐一回答她提出的問題，拍攝她要求的場地照片寄給她後，也順便釐清了自己的想法。由於本次委託也包含了「方便母親使用的空間」，於是她也事前調查了我與母親的慣用腦類型（我：左左腦／母親：右右腦）。

乍看整齊的櫃子內部卻
亂成一團。其實我的廚具
和餐具還有7箱擱置在一
旁！整個人根本陷入手足
無措停止思考的狀態。

LIFE ORGANIZER

作業總監
吉本とも子女士

 日本生活規劃整理
師協會理事。傾力
培訓從打造空間到
生活規劃都能一手
包辦的Residential
Organizer。

「完美收納」總監
鈴木尚子女士

 SMART STORAGE!
代表。活躍於雜誌
和電視媒體的人
氣生活規劃師之
一。

受託者
会田麻実子女士

 生活規劃整理師協會講
師。提倡重視思考整理的
「個人特色收納」而備受
好評。擅長外顯式收納
法。

① 初次諮詢

當面徵詢對方「想要怎麼做？」
使問題點和理想生活的方向趨於明確。

在雙方一起正視現況討論的過程中，壓力源頭也接二連三的明朗化。從会田女士精確地提問中反而令人豁然開朗。

② 實際測量＆拍照

實際測量委託人房間
（本次以廚房為主）的收納空間，
並且拍攝記錄用照片。

乍看整齊排放的餐盤收納和隨性放入調理用品的抽屜，經確認卻都是難以拿取的收納方式，於是会田女士給了我一個考題：擺放在哪裡會順手呢？

③ 提出作業企劃書

初次諮詢結束後，
將現況的問題和
改善方式彙整成
企劃書交給客戶。

初次拜訪

專業諮詢

　　本次生活規劃術的作業日程，是第一天當面溝通與現場調查，加上實際的整理作業兩天，共計三日。初次溝通那天，会田女士按照我寄給她的照片和格局平面圖，大致描繪了一張草圖前來。基於那張草圖實際檢視廚房和紙箱內的行李之後，徵詢我想要如何改善。

　　我的委託可歸納為三大項：

● 希望尚未開箱的行李（我的物品）能放在收納空間，以便使用。

● 母親是廚房的主要使用者，希望打造成母親容易使用的收納方式。

● 清除客廳堆積如山的紙箱，營造放鬆休息的空間（淚）。

　　討論完整理的方向後，会田女士將整理方法彙整為作業企劃書，並提供給我參考。

不曉得這裡要放什麼才好？（藤岡）

微波爐放在飯廳如何？（会田）

鹽和砂糖擺在這個抽屜，使用起來會順手吧？（会田）

餐具分類完畢的照片。進行分類時，不禁感嘆居然有這～麼多（笑）。

分類

確認企劃書內容後，終於正式進入整理階段。雖然整理的實際作業時間只有兩天，但第一天只是進行第一個步驟「分類」（參考P.57）。將「分類」與收拾物品的「歸位」作業分別進行進行，正是生活規劃術的重點所在。

由於要把所有的物品拿出來進行挑選・分類，因此首先清出餐廳當成作業空間。之後陸續從廚房拿出物品，連同先前未拆封的紙箱內容物也集中於同一處。

將「數量似乎太多？」的餐具集中起來，才發現多到幾乎占滿了飯廳地板！遂決定把餐具歸類成「（雖然目前沒在使用）想用」等4個分類關鍵字後，咦？客用餐具中逐漸浮現「可能用不到」的餐具。

結果，歸類為「其他」的餐具視為出清候補，重新放回箱內，並在外箱貼上「丟棄？」的標籤另行保管。其餘物品暫時放回收納場所。餐具分類完畢後，居然連烹飪用品都能用此分類法歸納出「丟棄？」的物品，連我自己都很驚訝。

⑤ 用關鍵字分類

所有餐具全都分成四大項

餐具使用的
分類關鍵字為
● 使用中
● 想使用
● 其他
● 客用

其他	使用中
客用	想使用

⑥ 捨棄品項、暫時保留

本階段決定「捨棄」的物品可另外加上記號再次區分要如何處置。
至於猶豫不決的物品可以貼上「保留」或「日後處理」的標籤，然後封箱收納。

⑦ 測量收納空間後　暫時放入留下來的餐具

將留下的餐廚用具暫時擺在事先規劃好的收納場所。添購收納商品時，也別忘了測量正確尺寸！

添購收納商品時，要先清空內部，測量精準的尺寸。

④ 開始作業！拿出所有物品

將廚房內收納的物品和塵封在紙箱中的物品全數取出，祭出分類道具著手彙整。

⑧ 準備必要的收納用品

利用現有收納用品歸整可用之物。再添購同款收納用品營造簡潔俐落的外觀。

我將取出的餐具逐一遞給会田女士進行分類。有了4項分類後，就能歸類出要擺在哪邊，進展意外的順利。

廚房變得方便好用，
堆在客廳的紙箱也一掃而空！

完成!!

乍看下沒什麼變化的
廚房，櫃門後方卻有了
一百八十度的大轉變。

原先被紙箱淹沒的電視
櫃（桐木櫃）和沙發，終
於重見天日（感激）。

能夠看見地板了！壓力瞬間釋放!!
但是距離終點還差臨門一腳。

後續追蹤

檢視

　　一鼓作氣脫離無法收納大量物品跟無法清理物品的窘境！但接下來才是生活規劃術的重頭戲。屋主是否能歸位、自在方便的使用物品等。唯有在使用過程中不斷改良修正作法，方能養成順手整理的習慣。生活規劃整理師以E-mail和電話進行後續追蹤，待顧客「習慣化」之後才算是大功告成！

我觀察母親的收
納情況，針對她不
順手的地方與規
劃師討論改良方
法，覺得收納越來
越符合我們的需
求。

次頁將介紹最終完成的
收納規劃

第3次訪問

歸位

　　隔天進行第3次作業。会田女士迅速改變層架的位置，在流理台下方裝設收納架，將原本暫放的餐具和烹飪用品陸續歸位。

　　今天的規劃是收納爆滿的物品，同時打造母親方便使用的廚房。因此擬定的收納方針為：
● 在個頭矮小的母親方便使用的位置擺放常用物品。
● 將不太會用到的私人物品（和保留物品），存放在收納空間的上方。
● 客用餐具全部收納在同一區。

　　即使是流理台下方和吊櫃上方這種不方便取放物品的空間，只要善用收納用品，也能高效率的進行收納。

⑨ 決定物品就定位之處
　採取使用方便的收納方式

調整層架高度或設置新的收納用品。
考量慣用腦類型和個人習慣，
採取能自在使用的收納法。

原先棄而不用的流理台下方，加
上組合式的層架之後，大量的烹
飪用具也能統統收納進去了。

Before

After

伸手難以搆到的
櫃子上方，使用
文件盒作為收納
用具。

暫時保留階段的
物品，先以紙膠帶
作為臨時標籤。

廚房

吊櫃規劃成倉儲用，
廚房櫥櫃下方全是常用物品。

母親平常幾乎沒在使用吊櫃。所以規劃成使用梯子取用上層物品的區域。

伸手能及的僅最下層，收納重量輕的常用物品。

伸手可及的廚房櫥櫃是絕佳收納場所，在最下層收納保鮮膜、量杯、湯匙、保存容器、微波爐專用蓋等物品。如果是重量輕的物品還能勉強拿取。

運用收納架＆拆掉多餘層架的
小技巧，使用起來方便多了。

爐子側面原本難以使用的調味料置物抽屜，只是拆下一層置物籃，加高置物空間，便可以輕鬆取用沙拉油等大瓶調味料了。在流理台下方設置收納架，提高收納力。

第一層擺放常用物品，
第二層收納候補備品。

按工具用途分隔的抽屜，第一層擺放常用物品，第二層收納偶爾會用到的物品，以位置來幫助記憶。最下層抽屜則是麵類以外的食品乾貨。調味料置物抽屜則是拆除一個層架，方便靈活運用。

餐具收納

餐具依用途劃分區域，
打造不會忘記持有物的規劃。

開放式層架收納每天使用的餐具，頻繁使用的茶具組則擺在麵包箱內，將廚房櫃檯設置成「日常茶水間」。

左右兩側吊櫃皆擺放客用餐具，
僅中央最下層擺放常用餐具。

由於吊櫃對母親而言太高，因此唯有視線範圍內的最下層放置日常用品，其餘空間全用來收納客用餐具。

想要使用的餐具全都收納在
方便易見的下方櫥櫃。

由於站著就能看見下方櫥櫃的中層和下層，因此將常用餐具擺在前排，後排則擺換季餐具。不易看見的上層則擺放托盤等。

在爐子對面的抽屜
擺放調味料和備用食材。

鹽和砂糖是会田女士給我的考題，最後我決定擺在瓦斯爐對面，轉過身便可取得的上層抽屜，中層抽屜擺放常吃的麵類食材，下層抽屜則是根莖類蔬菜和瓶罐裝的調味料。

打造「美觀收納」的重點！

要達到生活規劃術的終極目標，需經歷無壓力、清爽、美觀三大階段。實現「清爽」階段後，「美觀」階段近在眼前。在此傳授各位晉升至下個階段的重點。

家具＆收納物品的色彩與材質相互搭配。

雖然屋內的統一感越高，越能營造空間的簡潔感，但要達到「美觀」的境界，相鄰的物品除顏色以外，還必須搭配素材質感。對比右邊客廳的照片便一目瞭然。褐色的木頂板收納架，搭配電視櫃的桐木材質與顏色。收納抽屜櫃也選用同色系的木製品，文件盒則選擇用對比色白色。搭配米白色的單人沙發，進一步提升整體均衡。

**只要統一收納盒款式，
即使收納草率也能實現「美觀」**

原本堆滿砂鍋、卡式爐及客用酒杯等各式紙箱的微波爐架。將物品放入同款收納籃，從「清爽」晉升為「美觀」！

矮櫃＆上面的盒子，微波爐架＆下方收納籃，不僅作了配色，材質也彼此搭配。矮櫃上不放雜物，而是以植物呈現畫龍點睛之效，增添生意盎然的氛圍提升「美觀」度。

客餐廳

打造容易拿取物品的清爽空間

**利用角落收納文件
和日用品**

清出原本堆滿紙箱的空間，放置收納日用品和資料的層架。

**微波爐架與矮櫃
擺放待客用品**

客用酒杯、砂鍋與卡式爐都是餐具，將微波爐架與矮櫃規劃成「待客區」。於視線所及之處擺放酒杯收納盒，提升「宴客」的興致。

———— BEFORE ————

有前後對照圖為證，
規劃前的空間囤積滿滿的壓力！

餐廳中擺著梅酒酒瓶和各式謎樣物品。總之……昔日生活可略見一二。

整理乾淨後，回顧昔日凌亂的家，不禁對自己居然能在這種環境下生活感到訝異。

選擇回收再利用，實現不丟棄整理。

無法整理的煩惱中，「難以丟棄」的心情占了很大一部分。
認識適合自己的「再利用」方法，便會大幅降低整理的難度。

　造舒適空間，擬定輕鬆維持整潔的整理規劃，就必須對已擁有物品進行數量控管。生活規劃術最初步驟的也是藉由「分類」，從中挑選出「精簡」的物品。

　話雖如此，「捨棄」並非必要選項。物品減量還有一種選項叫作「再利用（Reuse）」，像是出讓、捐贈、轉售、資源回收等途徑。再利用這個選項，讓許多遲遲無法丟棄物品的人，有了合理、正當管道出清多餘物品，同時消除了浪費的罪惡感。請多善用附錄的資源再利用名冊。

　日本生活規劃師協會著眼於將物品循環再利用的「環保」，秉持聯合國永續發展目標(SDGs)來實踐整理規劃，開辦了「資源規劃整理師資格認證」。資源規劃整理師是以善用各種環保回收服務，促進「不丟棄的整理」的專家。我們會透過認證講座傳授這們技術和知識，培訓能推廣環保新生活理念的業界先驅，非生活規劃整理師也可參加培訓。

　如果「用不到的物品、沒空間收納的物品，不能浪費隨意就丟棄」的觀念為你帶來壓力，也可以嘗試「倉儲服務」。雖然多少要花點錢，但與其事後後悔或是再重買，這也不失為是一種選項，還能大大減輕整理的負擔。

　存放領取・打包・免運費，由業者替寄放物品拍照，能夠以數據管理的「迷你倉儲」、及以智慧型手機委託業者後只需將物品整理打包寄出就完成的這類服務，月租費從數百日圓起的保管箱服務，都能將既有物品「可視化」，無疑是整理收納工作的強力夥伴。

※ 倉儲服務相關資訊，請依業者實際情況為主。

Part ③

「慣用腦」類型的
整理訣竅

不論是判斷物品去留或考慮收納順手度，
所有整理流程都講求動腦思考。
本單元將以 4 位生活規劃整理師的實例，
帶您深入了解不同慣用腦類型適合什麼樣的收納手法。
或許您也可以藉此找出符合自己用腦習慣的規劃。

失敗為成功之母。
使用符合自己的方法
就萬事OK！

慣用腦

Input 右腦　Output 右腦

会田麻実子 女士
Mamiko Aida

生活規劃整理師協會講師。日本生活規劃師協會經營的WEB雜誌「整理收納.com」副編輯長。活用整理困難的經驗，透過講座和輔導委託整理的需求，提倡重視整理思考的「個人特色整理」。

Data

●現居東京都　●丈夫和國小4年級兒子的3人家族　●屋齡7年的公寓　●3LDK、73.45㎡

※ 此為 2017 年的資訊。

對右腦型而言
看得到內容物的收納
較無壓力

為求外觀清爽，她曾用不透明的文件盒來收納廚房用品。當她察覺檔案夾的小圓洞可以看到裡面，遂更換成這種半透明式的文件盒。「雖然上面有貼標籤，但那是家人（丈夫）在看的，我沒什麼在看。」

說 自己從小就不擅長整理的会田麻実子女士。在準備搬到目前的住處之際，重新審視了持

DINING KITCHEN

以白色為基調的空間，搭配深褐色和黑色營造時尚室內風格。廚房吧檯下方的抽屜櫃，收納著家人的常用物品，提供大家自行取放。

有物品，這才發現未拆封的衛生紙居然有5大袋。於是她開始正視自己的價值觀，決定「僅打包想在新家使用的物品」，減少物品後才搬遷。然而新家仍然雜亂無章。為此苦惱的她調查整理相關資訊，最後查到日本生活規劃整理師協會的官網。

她學習生活規劃術，了解到「每個人都有專屬的一套收納方法」，於是感到豁然開朗。目前住處的主題，一言以蔽之就是「慵懶殿堂」。「希望居家生活能夠盡可能的待在LDK就好，就設計了一套符合自己怕麻煩個性的生活規劃。」

她描繪理想的住家輪廓，得到的結論為「擁有適度生活感的家。我想，正因為住的人會取用物品，才會醞釀出『有人味的室內佈置』，並且構成一個適合人生活的『家』。昔日不懂整理的時候，我曾嚮往過猶如樣品屋般完美無暇的家，真是不可思議。」

CLOSET

1 寢寢室衣帽間中的當季衣物,包含汗衫和無袖背心都使用衣架吊掛。至於下層的「衣物防塵套」區,則是外側為全年通用的夾克和換季衣物,內側為大衣等,由於全年都擺在這個位置,所以能配合氣溫隨心所欲的取用衣物。2 置於衣帽間外面作為嫁妝的五斗櫃,僅粗略收納兩件針織衫、鞋子、褲襪和內褲。旁邊的吊衣架經常掛著流汗後的換穿衣物和兩件牛仔褲。

MY WAY　　　獨家祕訣

購買物品的同時,
要理性思考是否真的需要。

● 物品的取捨標準
以「是否喜歡」搭配「是否會用到」一併判斷。
● 居家整理重視的要素
「適可而止」。勿過度拘泥於外觀,勿過度整理或追求完美。
● 收納方法的取決標準
簡單、粗略、淺顯易懂。若能兼具賞心悅目是再好不過。
● 收納用品的挑選標準
簡約＆方便使用。
● 整理家人物品的方式
首要之務為聽取意見。
● 清爽過生活的秘訣
深入了解自己＆家人。

推薦右腦型的人
直接使用照片
作為標籤

換季的鞋子不收在玄關,而是擺在衣櫃層架上集中管理。由於看不到箱內物,因此拍下鞋子的照片當成標籤貼上,即可一目瞭然。

不擅於細瑣
分類的人
採粗略收納即可

吊掛式包包收納袋擺不下的提包,收納在腳邊的收納盒。其中也包含大包包,視線向下看便能確認內容物。

KITCHEN | 廚房內側的櫥櫃收納著平常使用的餐具。將不同種類的餐具分成前後排列，並且利用ㄇ型架打造在不移動前排餐具的情況下，取用後排餐具的配置。

輕鬆打造一覽無遺&單一動作收納的祕訣

西式餐具也分材質收納
常用的物品放上層

西式餐具分材質放在廚房抽屜的分格收納盒。常用的不鏽鋼製餐具放在上層，採雙層收納。

材質分類比用途分類
更淺顯易懂

原本依用途收納的烹飪用品。試著搭配慣用腦改為依材質分類收納後，「感覺比想像中還順暢，取用放回都超簡單！」

分層收納時
儘量讓下層物品露出來

由於接收腦偏右腦型，容易「看不到就會忘掉」。於是採用壓克力ㄇ型架進行雙層收納。

採用孩子也懂的
簡單收納方法，
打造家人能自理的規劃。

慣用腦

Input 右腦 Output 左腦

佐藤美香 女士
Mika Sato

生活規劃整理師協會講師。長年身為職業婦女的她，擅長規劃省時的家事動線，以及活用冰箱來縮短烹飪時間。育兒座右銘為「生活能力強，勝過於會念書」。策辦生前整理、防災相關的個人專屬講座。

Data
●現居神奈川縣 ●丈夫和國一、國小4年級、即將滿1歲的女兒的5人家族 ●屋齡8年的獨棟宅邸 ●4LDK、96.94㎡
※ 此為 2017 年的資訊。

右腦型擅長有效
利用空間
同時考量家事效率

1 清洗鍋具後馬上就能收回流理台下方。瓦斯爐下方則是收納料理完成後馬上可以使用的碗盤餐具。2 將便當袋、烘焙工具、海綿等庫存用品分別裝盒收納於吊櫃中。利用木層板架高的空間收納保鮮膜。

KITCHEN │ 佐藤女士和2個女兒經常使用廚房。簡潔的廚房收納，也包含了讓孩子們能自動自發整理的規劃。

目 前與兩個女兒、去年出生的嬰兒和丈夫一同生活的佐藤美香女士，在接受本書專訪時正值產前，處於準備產後新生活的階段。

佐藤女士邂逅近生活規劃術的契機，是在她辭去金融機構的全職工作，打算考取證照轉換跑道時。自從她辭去前一份工作後，才赫然發現自己「似乎不太會整理」。「我先前以為房間凌亂，是工作育兒忙得自己沒時間整理的緣故。」

以往，佐藤女士只要一有空間就設法塞入物品。但學習生活規劃術後，她開始學會考量「該如何讓物品更方便的取放？對孩子來說方便使用的場所在哪裡？」這方面問題。

誕下第三個孩子前，她嘗試擬定不用親自動手的整理規劃後，不禁感嘆「如果當初在老大跟老二的育兒過程有作好整理規劃，就能大幅減輕焦躁不耐的情緒，如今回想真是太可惜了。」也因此「一想到老三的育兒過程也許能變輕鬆，就相當期待。」

REFRIGERATOR

雖然佐藤家會在週末一次買齊一週食材，冰箱卻超整齊！上方第2層預留的空間是為了擺放晚歸丈夫的晚餐。將配菜連同托盤一同放入冰箱，只要取出托盤再以微波爐加熱就能端上桌。

食材依用途分類
貼上方便辨別的標籤

味噌和配料被歸類在「味噌湯」，拌飯香鬆和海苔則是「白飯」，奶油等材料則是「麵包」，按用途分籃收納。設計成丈夫和孩子們能一目瞭然，整籃取出冰箱，從旁協助自己的整理規劃。

不獨斷苛求
是讓家人分擔家務的祕訣。

●物品的取捨標準
兩大標準：有沒有在使用、是否賞心悅目。
●居家整理重視的要素
讓自己輕鬆省事，可以親子同樂（烹飪·工藝·手工藝）。
●收納方法的取決標準
孩子們方便取放。接近使用場所。一目瞭然。
●收納用品的挑選標準
能辨識內容物，看起來不雜亂。
●整理家人物品的方式
一定要聽取本人的意見。想進行更動時，事先講清楚原因和變更後的情況。
●清爽過生活的祕訣
一旦立下太多規矩，反而會讓家人不願意分擔家務，只要接近目標就OK。

粉類一律裝入容器存放冰箱
備用食材則是保存在冷凍庫

1 容易生蟲的粉類存放在冰箱。由於經常親子聯手作披薩，因此於標籤上註明「高筋麵粉」。2 將存放在同款容器的備用食材井然有序保存在冷凍庫中。待產時分別為容器貼上標籤，方便孩子們辨識。

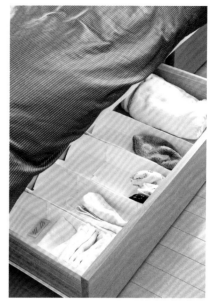

嬰兒用品收納在床底下
較好控管每個種類的數量

將別人贈送的嬰兒用品收納在床底下。按種類排列
就能掌握持有數量。分類紙盒是利用牛奶盒手工製
作的。

CLOSET

將丈夫的西裝依「休閒服」、「長
袖」、「褲子」、「羊毛絨」分類後，
收入抽屜並貼上標籤。收納抽屜的高度
搭配西裝長度，任何縫隙都不放過的充
分活用。善於掌握空間，是右腦型特有
的收納風格。

擅長掌握空間的右腦，
佐以左腦的理性思考提昇家務效率！

WASHROOM

利用牆面提昇收納力
物品就放在使用場所

考量產後的家事效率，她採用將洗臉
台·浴室用品儘量收納在使用現場的規
劃。毛巾架也是佐藤女士利用建材的
踢腳板親手改裝。捨棄浴巾全面使用
洗臉毛巾，不僅可減少洗滌量，外觀也
清爽許多。

File 18

每天都生活在
清爽舒適的空間
心靈也受到洗滌

慣用腦　Input 左腦　Output 左腦

下村志保美女士
Shihomi Shimomura

生活規劃整理師協會講師、心理規劃整理師。PRECIOUS DAYS代表。座右銘是「整理力能扭轉未來」，提高自我肯定感和生活品質的整理收納服務頗受好評。曾獲2018年日本生活規劃整理師協會的閃亮之星獎項。著有『整理專家傳授舒適生活的整理法』（暫譯）（三笠書房）。

Data
●現居日本東京都　●丈夫、女兒的3人家庭　●屋齡16年的獨棟宅邸　●2LDK＋S＋閣樓、100㎡

從這間內裝簡約＆自然風格的住宅，很難想像出女主人下村志保美女士，過去曾是「不容許自己討厭整理，也怕自己變成那樣。所以拼命維持居家環境整齊」的類型。

她為了尋找讓家人也能一起整理的方法，參加生活規劃整理術的二級資格認證講座。儘管心裡有點小小不服氣，但實踐所學到的內容後，丈夫無法參與整理的情況居然獲得了改善。

「以前我認為自己的整理方法才是對的，也會強加家人接受自己的想法。當我停止這麼做後，家人也變得願意幫忙了。」

如今女兒也出社會，一家三口在各自的空間裡，隨心所欲的管理自己的用品。

DINING ROOM

堅持展現固有格局，配合廚房開口部分的櫃台，訂製符合尺寸的收納家具。平時也會保持桌面淨空。

LIVING&DINING

下村女士很喜歡這個客餐廳格局。這裡有能夠悠哉美食的餐桌，也能充分伸展四肢的空間，觀葉植物點綴整體空間相映成趣。由於丈夫喜歡佈置而設置壁掛玻璃展示櫃，一起討論因應生活的變化調整擺飾。

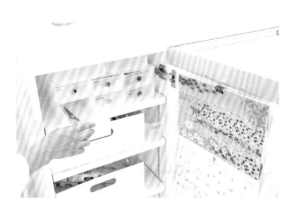

家人共用的物品
以方便歸位為第一優先

選用動線、使用順暢的空間，收納全家人會用到的文具等用品。利用抽屜替物品決定固定位置，歸位就會方便許多。將色彩搶眼的月曆掛在櫃門後方的創意，推薦給重視空間清爽感的人。

配合家人的生活動線
訂製收納家具櫃門的開合方式

櫃門家具，一般都是採用從中央向左右打開，但若有人拉椅子坐下，就會開不了櫃門。於是特地改為從通道一側打開櫃門取用物品，使用起來也更順手，她對此相當滿意。

KITCHEN

配合系統櫃，換掉後側的餐具櫃，打造帶整體感的純白空間。無論是廚房、餐具櫃還是櫃台下方的訂製家具，其實都是不同家廠商的產品。不拘泥於一致性，而是依想要的機能來挑選設備，再通過共同點實現整體感。

透過家具的色彩與正面的共同點，實現空間的清爽度及寬敞感

從廚房隔壁的工作空間可看見廚房。在相連的空間內，擺設色彩和正面均有一致感的物品，視覺上呈現的清爽感相當出類拔萃。

MY WAY　　獨家秘訣

仔細確實的決定物品的固定位
維持清爽舒適的空間

●物品的取捨標準
是否能方便收納、像文件等正本是否有必要保存。
●居家整理重視的要素
重要的並非該怎麼收納，而是該麼做才不用收納（不用保留）。
●收納用品的挑選標準
能輕易添購的基本款，還有能在家中各處使用的收納用品。
●整理家人物品的方式
劃分空間，將個人用品擺在各自空間內。
●清爽過生活的秘訣
在決定收納範疇時，先確定物品數量比擁有什麼更重要。盡量減少看得見的色彩和形狀的種類。

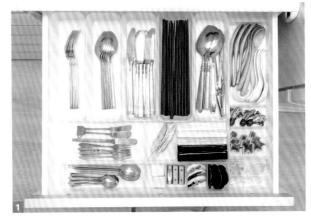

明確分類 &
標籤是關鍵

餐具櫃抽屜內的西式餐具依種類分別排列，就不會亂七八糟，同時也好拿易放。為食品儲物罐貼上標籤就能一目了然。

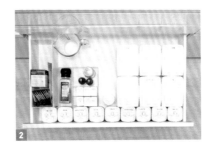

SMALL OFFICE

下村女士的辦公空間，先前是女兒的書房。左右腦類型的她，很喜歡用四方形的「無印良品」檔案盒。由於是長銷款，方便添購同款商品也是愛用原因之一。

首要思考是否能用同款收納箱
再將具相關連性用品集中收納

3 相關用品統一放入檔案盒，然後以標籤管理。愛用檔案盒的下村女士，規劃物品收納時都會率先思考檔案盒是否裝得下。層架內也設有空箱，就算物品增加了也能隨時因應。4 這是櫃門關閉的樣子。從走廊就能看到這個區域的正面，必須維持視覺上的清爽。

最近，下村女士以廚房為中心，針對LDK進行翻修。

她也藉機重新審視家中物品，並淘汰掉不需要的用品，希望讓居家環境更加簡約舒適。

「每次早上睜開眼睛和下班回家時，都覺得幸好當初有翻修，對於這個家充滿了感情。整理也是一樣，只要把家打理成心目中理想的模樣，就會越來越喜歡這個家，整理的意願也益發強烈。

我認為整理居家環境，是大幅改變人生和未來的最佳手段，這絕對不是言過其實，我也很榮幸能提供他人這方面的協助。」

慣用腦和自己
完全相反的丈夫，
也會想積極整理的規劃。

慣用腦

Input 左腦　Output 右腦

松林奈萌子 女士
Nahoko Matsubayashi

生活規劃整理師協會講師、心理規劃整理師。Jeweled House代表。察覺自己喜歡整理後，選擇整理專家的職業重返職場。她會洞悉委託者的情緒變化及心理狀態後，進行整理上的輔導，亦舉辦相關講座，廣受40～50歲委託者的好評。

Data
● 現居千葉縣　● 丈夫和6歲兒子、1歲女兒的4人家族　● 屋齡6年的公寓　● 4SLDK、121㎡
※ 此為 2017 年的資訊。

天生熱愛整理的松林奈萌子女士，據稱連娘家都整潔到宛如樣品屋。婚後雖然離職在家專心帶小孩，但她仍渴望在職場上發揮所長，遂決定考取整理證照。

松林女士表示，接觸生活規劃術後不僅學到了整理技巧，更讓她對人際關係的想法大幅改觀。

當她知道用腦類型會影響人的思考方式和行動模式的「慣用腦理論」後，「我變得能夠理解對方行動的意義，就像多了一項本領。」

多虧生活規劃術的知識，使她逐漸明白讓人自發性整理的方法。一切正如她所述，在自宅收納上，她運用了許多讓家人欣然主動整理的規劃。

例如廚房的分類垃圾筒及玩具收納，採用了右腦型的兒子也淺顯易懂的插畫和彩色印刷標籤，以便收納。她也不再多費唇舌要求兒子「要這樣做」，而是規劃

KITCHEN

統一選用白色廚櫃。由於將垃圾分類設置在廚房內，因此採用堆疊如塔的收納箱，方便丟垃圾時進行分類。更貼上插圖標籤，使丈夫和孩子們都能一看即知。

為了慣用腦類型
完全相反的丈夫
採用能見度優先的收納法。

松林女士的丈夫本身喜愛烹飪。然而他的慣用腦類型卻是與松林女士完全相反的右左腦，不適用松林女士的收納方式。於是她以讓丈夫一目瞭然為優先，在最方便取用的抽屜中，收納調味料和常用烹飪工具，並將調味料裝在透明容器中貼上標籤。

LIVING&DINING

與半封閉式廚房銜接的寬廣空間是客餐廳。此區一律使用較低的家具,並且配合深褐色地板的顏色,營造清爽&遼闊感。客廳深處則銜接和室。

掃地機器人竟擺在櫃子上!
左右腦型的整理關鍵在於「自我規則」

1 廚房為吧檯上方開口的半封閉式空間,內部清一色是白色,營造出清爽感。2 擺在櫃子上方一隅的居然是掃地機器人。「擺在地上女兒會好奇想玩,所以我考量出門前的動線後,認為這裡是最佳位置。」

兒子想主動閱讀繪本的空間,設置會想主動整理的積木專用桌等。左右腦型的人不僅善於理性分析,還有能依感情行事的獨特創意,不過松林女士的收納規劃,會深思熟慮過後才訴諸實行。

她幫別人擬定整理規劃時,就連櫃子的擺設方向都能和委託人心有靈犀一點通。「我覺得整理規劃並非全面由我決定,與委託人一起探索同樂才是重點所在。」

WORKROOM

預定作為兒童房的單人房,目前先活用為討論室。「不但能省下移動時間,還能享受到在家的自在感,真是一舉兩得。」

HOME OFFICE

松林邸的4SLDK的S（Service Room,會客室）,是餐廳旁邊約1坪半的空間,她把那裡當工作室使用。牆面安裝了許多開放式層架並設置了長桌,預定未來與兒子共用。由於這扇門通往玄關,構成回到家便會把隨身物品擺在該處,隨後通往客餐廳的動線。

怎麼作才能輕鬆完成?
獨創的解決之道不勝枚舉

思考能雀躍過生活的
收納用品及收納方法

● 物品的取捨標準
洋裝等衣物→穿上是否興高采烈。物品→豐富生活與否,諸如此類。
● 居家整理重視的要素
該放手時就要優雅鬆手。
● 收納方法的取決標準
重視每天都能活在雀躍期待之中。
● 收納用品的挑選標準
因為宜得利家居就在我家附近,所以經常還用他們家的商品(笑)。至於其他物品,我會嚴選白色且能長久愛用的物品。
● 整理家人物品的方式
重點在於抓對時機整理,用詞遣字也要琢磨。
● 清爽過生活的祕訣
納入自宅的物品(無論是購買還是受贈)在挑選方面多少都要把關。

考量使用場所後
尿布決定擺在沙發旁

1、2 放在沙發旁邊的白箱子,箱內其實是紙尿布。由於女兒會在此睡覺、餵奶等,是母女待最久的場所,才會決定將尿布收納於此。同時這裡也是全家人的聚集地,家人們會順道幫忙也是一大優點。

KIDS' ROOM

客廳旁邊的和室是孩子們的遊樂場。在玩具收納櫃對面設置書櫃,打造猶如「祕密基地」般的空間。兒子會三不五時窩在那邊。

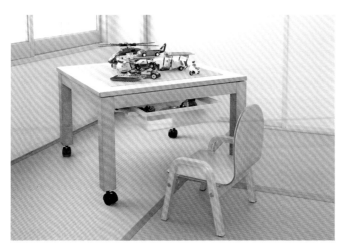

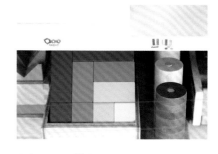

彩色照片是最適合右腦型的標籤
就算尺寸小也OK!

為了讓孩子們自發性整理,於是製作了玩具的彩色照片當標籤。雖然標籤只有櫃子層板的厚度,但效果卻出奇的好。

以專用玩具桌解決
玩具零件四處散落的問題

替暖被桌加裝抽屜和滑輪打造而成的積木玩具專用桌,是預防玩具零件四處散落的提案。將壁櫥設定為收納場所,因此兒子想玩積木時就會自己拖出來,在桌上玩積木,由於零件都集中在同一處,所以整理起來超輕鬆。

慣用腦類型，是得知個人思考和行動偏好的線索。
本篇將基於實例介紹過的收納範例，
彙整每種慣用腦的個別關鍵字。
請參考下表，尋找您慣用腦類型的收納關鍵字。

KEYWORD
直覺‧影像記憶
空間感‧綜觀整理
解讀圖像‧色彩
設計

右腦

Input 右腦　Output 右腦

重視外觀更勝於機能性。
無論是取出還是歸位，都以「看得見」的方式為優先。

傳達
右腦
OK
重視收納用品的
美觀性
隨性放入的收納法

●看得見
●以顏色‧材質分類

分層收納物品時，上層使用壓克
力材質的收納盒，便能看到下層
收納的物品。以顏色和材質分類
物品，會比依機能分類更容易整
理歸位。

\推薦作法！/

●看得見

**透明可見收納盒
比標籤上的文字
更直觀易懂**

右腦類型的人就算貼上標籤，看
不到內容物也會倍感壓力，因此
推薦使用半透明的收納用品。

接收　**右腦**　OK　善於掌握美觀與空間位置
單一動作收納　　　NG　看不見就會忘掉
細項分類收納

Input 右腦　Output 左腦

靠視覺掌握物品，做邏輯性的說明。
偏愛兼顧外觀和合理性的收納方法。

傳達
左腦
OK
貼上文字標籤
細分區域收納

●利用縫隙

**空間掌握能力強
無論多小的縫隙
也能加以善用
但要避免塞入太多物品**

右腦接收型的人擅長利用物
品的尺寸搭配空間。像是帶
門櫃子的內部等空間，適合
依機能性劃分範圍，收納物
品。

●重外觀 × 合理性

**找出自己和家人的
最佳平衡點**

將賞心悅目的標籤，貼在放
有存糧的收納箱上。雖然
「只需」草率就完成收納，
但仍有邏輯性。

「慣用腦」類型的 收納關鍵字

Input 左腦 Output 右腦

理性思考,感性表現。
摸索出自我規則後,就能順理成章的收納。

●自我規則

**最好使用
自己理解的方式!**

例如將掃地機器人放在廚房
櫥櫃上等,即使有違常理,
只要本人覺得合理,對左右
腦型而言就是最佳方式。

●收納在使用場所

**決定合理的收納場所後
採用省事的粗略收納**

將尿布等嬰幼兒用品擺在最常待的客廳旁,
這樣的收納創意較偏向左腦。選用附蓋的收
納箱,內部大略收納也OK。

●色彩和形狀勝過文字

**使用的標籤
最好也加入色彩和形狀**

採用符合右右腦型的收納方式就
會成功。推薦便於視覺辨識的如
顏色和形狀這類的標籤。

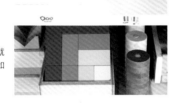

傳達 **右腦** NG

使用場所和收納場
所分開
無法一覽無遺

接收 **左腦**  OK 按使用頻率分類物品
決定使用場所的定位

 NG 雜亂無章的空間
無明確劃分的空間

Input 左腦 Output 左腦

重視使用頻率和機能,適合傳統的整理方式。
不善於掌握空間,因此得明確劃分空間。

●標籤

**物品就定位之後
以文字將內容「可視化」
是左左腦型最擅長的收納法**

對於善於辨別文字的左左腦型而言,加上標
籤是不可或缺的步驟。簡單利用紙膠帶作成
標籤也ok。

傳達 **左腦** NG

無明確劃分的空
間
眼前出現過多物
品
容易眼花撩亂

●機能性

**全家人的共用空間
採用所有人皆能
一覽無遺的規劃**

家人的必經之地,也是集合了很
多必要資訊和物品的舞台。將色
彩鮮豔的月曆掛在櫃門後面,避
免太過顯眼。

●隱藏式收納

**不善於面對雜亂無章的環境
將物品收入櫃子和抽屜內
眼不見為淨**

左腦型對於文字的辨識度高,因此容易對
過多的文字感到厭煩。將物品收起來就會
心平氣和。

當家人的慣用腦各不相同時怎麼辦？

「慣用腦類型」是決定何種整理方式適合自己的線索。
當家人的慣用腦類型各不相同時，又該怎麼辦呢？
以下將介紹解決之道。

　　找尋、挑選物品時會用到接收腦（Input），至於歸位、訂立規劃則會用到傳達腦（Output）。認識慣用腦類型，固然有助於找到適合自己的收納方式，但若家人的慣用腦與自己恰恰相反，又該以誰為優先呢？以下介紹幾項原則，希望各位參考後找到解決之道。

① 以最常使用該空間之人的慣用腦為優先。
② 以不善於整理之人的慣用腦為優先。
③ 對象為幼兒則採用右右腦型的整理規劃。
④ 至於公用空間，雙方的慣用腦都要一併納入考量。
⑤ 同一個空間裡，也可以使用不同的整理手法。

　　基本上，是以最常使用該空間之人的慣用腦為主。如果整理起來不太順利，請詢問對方理由並加以修正。據說慣用腦要6～7歲後才會顯現，因此6歲以下的幼童，不妨使用右右腦型收納法。但最重要的，還是經常與家人溝通。規劃時務必要站在對方角度，思考什麼樣的整理方式對他人而言最方便。

即便是雙胞胎，也採用截然不同的收納
方式（松居邸）。

Part ④

各場所＆關鍵字的
收納創意

生活規劃術的終極目標是「習慣化」。
找到適合自己的收納方法，
並加以規劃是一大重點。
本章將以場所和關鍵字為切入點，
帶您深入了解規劃師實踐的整理創意。

KITCHEN & DINING

採用全家人都好懂的收納方式才能省事&舒適！

廚房和餐廳收納著烹飪用具、餐具和食品等種類與數量皆繁多的用品，
因此規劃重點在於淺顯易懂&順手好用。

設置專區解決
「媽媽！幫我拿～」的困擾！

替孩子喜愛的乳酸菌飲料和冰棒等零
食設置冰箱專區，吸管也預備在旁。
（会田麻実子）

只有丈夫也會使用的物品
採外顯式收納，頓時神清氣爽。

只有常用物品掛在吊杆上，其餘
一律收入抽屜。丈夫後來也不再
找東找西了。（白石規子女士）

家人也方便使用

電子鍋旁擺飯碗
誰都能便利使用的
開放式收納

從LD看不見與廚房相鄰的食品儲藏
間，所以基本上採取開放式收納。電
子鍋上面的層架則擺放飯碗，這是讓
家人能自行添飯的巧思。（伊藤牧女
士）

分類劃分區域
就會好拿易放

平時使用的餐具放入抽屜，清楚且方
便取放。「無印良品」的壓克力間隔
板將西式餐具分類，就能避免亂七八
糟。（服部ひとみ女士）

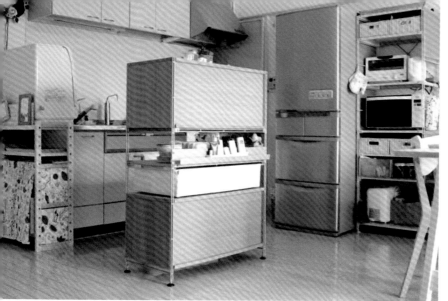

兼具遮掩功能的櫃子，
讓家事動線無懈可擊！

將「無印良品」的多用途鋼架平行擺設在廚房前，並且收納平常使用的餐具。宛如自助咖啡吧的設計般，全家人可用托盤端餐具去廚房盛菜，打造自助盛菜的動線規劃。（田中佐江子女士）

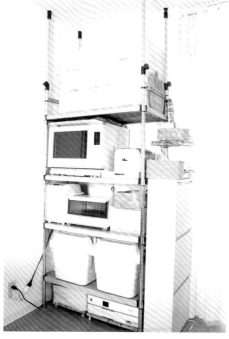

集中收納

利用大容量的鋼架
提昇收納力！

高至天花板的不銹鋼架上，從食品到家電用品一應俱全。統一使用白色營造清爽感。最上層的抽屜，謹守一個抽屜只擺一種物品的原則，讓管理省事許多。重物則擺在滑輪隔板上，如抽屜般外拉即可取用。（植松あかね女士）

冰箱

冷藏庫是收納空間？
連空容器也固定位置

粉末類放在冷凍庫，盛裝常備菜的琺瑯容器即便是空的，還是收納在固定位置，大幅節省收納空間。（かみて理惠子女士）

利用閒置角落

流理台上方是風乾
布巾的絕佳場所！

於吊櫃下方加裝伸縮桿，便能
輕易吊掛碗盤用吸水巾，而且
很快就會乾。（原田ひろみ女
士）

一覽無遺的冰箱，
可利用磁鐵在
側面收納！

來自學校的通知單等，
皆以磁鐵貼在客廳看不
到的冰箱側面。（戶井
由貴子女士）

狹窄長型空間
竟能這樣收納！

利用烤爐側面的狹窄空
間，收納薄型烤盤。採
用滑軌式收納，即使重
物也沒關係。（あさお
かまみ女士）

針對容易閒置的
上方空間，
使用伸縮桿就OK！

改造較深的抽屜。使用
伸縮桿製作出層板，收
納鋁箔紙之類的物品。
（原田ひろみ女士）

連1cm的縫隙
都不放過！
獨創砧板收納法。

抽屜面板背後，以束線
帶固定伸縮桿，剛好能
放入一塊砧板的空間。
（吉川圭子女士）

將客用餐具直接收納在
平常的收納空間中。

為了節省取用的麻煩，直接將大盤子豎
立收納在鍋具抽屜內，玻璃杯就使用平
常使用的杯子。（都築クレア女士）

加上滑輪的電烤盤
取用超方便。

將笨重的電烤盤收納在
廚房以外的地方。置於
自己手作的滑輪層板
上，取用時也方便許
多。（秋山陽子女士）

分類垃圾桶排排站
投入、分類一次完成

設置在廚房後側的垃圾集中
處。以木板美化，上方預留足
夠空間，方便丟垃圾同時進行
垃圾分類。（あさおかまみ女
士）

偶爾使用

餐具和烹飪用具
依首選和候補
分別收納

喜歡的餐具擺放於廚房的開放式層
架上（左前方），季節性用品及候補
餐具，收納在較遠的位置。（あさお
かまみ女士）

垃圾桶

垃圾袋就收納
在垃圾桶中！

垃圾袋的固定位置就在桶
底，不僅直接取用方便，
也省了存放空間，真是一
舉兩得。（白石規子女
士）

以便攜垃圾桶
解決桌面垃圾。

孩子們在餐桌上念書，難
免會製造垃圾。這時拿出
便攜垃圾桶，用完後再放
回原處就解決了！（秋山
陽子女士）

STOCK

備品和回收物也要就定位

以防萬一的備用糧食和
目前捨不得丟掉的物品也要就定位。
訂立收納規劃後，就能無憂無慮的進行管理。

以收納盒進行管理，
就不會塞爆櫃子！

櫃子一旦爆滿就會造成物品管理困難。將備品統一放入收納盒，擺在寢室一隅。用途廣泛的保鮮膜也收納於此。（中村佳子女士）

防災備品

以汰換食品的方式管理儲藏區。

靠近玄關的場所規劃為食品儲藏區。清點的同時順便檢查保存期限，將存糧一鼓作氣汰換或消耗掉。（原田ひろみ女士）

不善盤點物資的人，
採用循環儲備。
（Rolling Stock）

平日多儲備一些食品、水、瓦斯罐等物資，定期使用，少了再補充的管理方法。儲備的白米則收納在行李箱中。（会田麻実子女士）

一個箱子
便能集中＆捨棄。

準備捨棄的物品只要投入置於走廊的箱中就好。捨棄時可以整箱搬運，所以能持之以恆。（中村佳子女士）

回收的第一步，
從OK箱開始。

想克服「難以回收物品」的問題，先從集中可回收物品開始作起。在全家人視線所及範圍擺設專用籃，打造「分類」⇒「捨棄」的規劃。（秋山陽子女士）

回收再利用

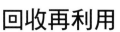

飾品

皮包的內容物
也要定位收納

在集中收納皮包的空間
內，設置更換包包時暫時
擺放包內物品的抽屜盒。
（かみて理惠子女士）

利用空瓶收納項鍊，
鍊子就不會纏在一起！

將項鍊墜子放入空瓶內，鍊頭掛在瓶子
邊緣。最後蓋上杯子防塵（十熊美幸女
士）

包包

CLOSET

因物而異的彈性收納法

衣物的收納品項，無論是形狀或使用頻率都各不相同。
本篇將著重介紹「使用方便性」及
「是否符合自己」的收納創意。

收納大量相同物品的關鍵
就是「一覽無遺」。

夫婦各自的抽屜中，收納了成排的T恤。
按顏色排列，衣物種類便一目瞭然。（白
石規子女士）

T 恤

帽子

按形狀將收納方式
分成吊掛式＆抽屜式。

易變形的帽子掛在牆上，至於鴨
舌帽、布製扁帽等則是收入箱
中，進行抽屜式收納。（さいと
うきい女士）

心愛的和服
採取簡便收納。

平時穿的和服擺在取放
方便的床底抽屜。由於
會頻繁穿搭，所以不用擔
心受潮。（かみて理惠子
女士）

透明夾鍊袋立起放置，
使內容物無所遁形！

利用透明夾鍊袋收納不
易摺疊的泳衣，然後立起
來擺放。外出使用後濕
的泳衣也能暫時收放
著。（吉川圭子女士）

泳衣

和服

步入式衣帽間

運用大容量衣櫃
統一管理全家衣物

銜接玄關、寢室、洗滌空間的開放式衣櫃，收納著一家大小的衣物。不僅衣物能集中在同一處管理，距離隔壁曬衣場也只有7步之遙，打造省時省事的短距離家事動線。笨重衣物置於附提把的IKEA收納箱內，飾品則以透明掛袋收納。就讀國小的兒子衣物放在抽屜最下層，再隔成三格收納。拉開抽屜便能一覽無遺。（戶井由貴子女士）

圍巾、披肩類

不需在意褶痕的圍巾，
吊掛收納也OK。

利用IKEA的多功能掛架，收納即使有褶痕也無妨的圍巾，至於容易出現褶痕的圍巾就採用摺疊式收納。（白石規子女士）

摺衣服好麻煩……
索性捲起來！

即便是將衣物盡收眼底的收納規劃，一件件摺疊取放也很麻煩……因此改採捲起衣物並排擺放的收納方式。（会田麻実子女士）

即使很多披肩
折疊分區就能收納！

90件以上的披肩類，採用抽屜式收納、分雙層管理。重點在於依季節、用途、尺寸、使用者等分類。這樣就能全部掌握。（十熊美幸女士）

KIDS' ROOM

令孩子樂在其中&自動自發的整理規劃!

孩子會作的事情一旦變多,
不僅媽媽輕鬆,也能幫助孩子獨立。
本篇為您蒐集各種親子收納創意。

玩具

防止散落&
輕鬆收拾的地墊。

將樂高積木倒入花盆墊,玩完後只要簡單迅速的扔回收納容器就好。墊子也收納在容器內。(会田麻実子女士)

上下舖床組
變成遊樂場
讓孩子們盡情玩樂。

沒在使用的上下舖完全化身為玩具反斗城。這樣就沒必要整理,也不用擔心小玩具會遺失。(植松あかね女士)

讓人情不自禁想動手排列的迷你車收納區。

簡直如同立體停車場!為了想將迷你車排列整齊的孩子們,我用圖畫紙和紙膠帶來改造抽屜盒。(原田ひろみ女士)

髮圈也掛起來
就能輕鬆收納。

沒放回原位的髮圈,掛在掛勾上就解決了!設置在顯眼的櫃門後方也不顯凌亂。(下田智子女士)

一目瞭然的
摺疊方式也
下了一番功夫。

收納摺好衣物的抽屜中,前方都是當季衣物,後方則是換季衣物。由於刻意以不同摺疊方式收納,所以孩子們不會弄錯。(植田洋子女士)

時尚雜貨

隨處亂放的髮夾就用磁鐵來收拾。

面對容易隨手亂放的髮夾,就在容器上下功夫。將磁鐵裝在容器底部,就成了「有趣到令人想整理的機關」。(秋山陽子女士)

衣物

挑選能夠
自行取放的
收納用品。

吊掛洋裝的吊衣桿安裝在孩子能拿取的高度。摺好的衣物則是擺在可隨手放入的收納箱。(佐藤美香女士)

利用床鋪和書架巧妙地劃分空間

想把兒童房分成兩個空間時，巧妙利用家具就能有效活用空間。上圖是把床鋪配置於分界處，以上下交錯方式分隔空間的案例。（宇高有香女士）／右圖則是將2個格子櫃上下疊放、並以一正一反的方式擺放劃分空間。（伊藤牧女士）

一年級新生的學習用品收納，就從客廳的一隅開始規劃。

面對即將到來的新生活，原先使用的物品先移至他處，決定僅放置學習用品。再依照孩子物品的數量和使用物品的順手狀況進行改善。（原田ひろみ女士）

學習用品

物品統一放入桌上的收納盒，簡潔清爽多了！

將雜七雜八的物品全部放入抽屜收納盒，略大的物品粗略收納在大開口的收納盒，然後擺在層架上，就能寬敞使用桌面空間。挑選可見內容物的半透明收納盒，貼上清楚標籤即可。（植松あかね女士）

3步內一應俱全的學習用品專區！

孩子在餐廳念書，所以學習用品統統集中在這裡。衣物放入斗櫃，隔壁則擺放書包，櫃子下方則收納課本等物品。（会田麻実子女士）

客廳收納規劃為兒童空間。

拆除客廳壁櫃櫃門，打造開放式收納空間，左側放玩具，右側則收納學習用品。（戶井由貴子女士）

以擦臉毛巾
代替浴巾,
減輕家務壓力。

擦臉毛巾無論是清洗、烘乾還是收納,都比浴巾方便很多!運用於小巧玲瓏的盥洗室也很OK。(十熊美幸女士)

毛巾

也可選用
小一些的
毛巾尺寸!

洗衣精和沐浴用品集中收納在洗衣機上面。挑選尺寸較小的浴巾,一家三口份量也能小巧的收整在此區。(つのじちよ女士)

邊角縫隙空間
放入文件盒
收納附屬物品。

大小恰巧吻合死角空間的文件盒,收納偶爾會用到的衣架和洗衣機的配件用品。(原田ひろみ女士)

WASHROOM

在挑選物品時花點心思,便能善用空間。

毛巾、換穿衣物、衣物清潔品等,
雜物越多的空間,越要費心規劃。

洗衣籃

洗衣配合個人喜好
1人1個洗衣袋

為了上大學的時髦兒子們,採用待洗衣物投入各自洗衣袋內清洗的規劃。(森下純子女士)

活用空間

充分利用桿子,
讓盥洗更衣室
化身室內曬衣場。

將不鏽鋼桿子和曬衣用品橫跨整個房間,增加衣物吊掛空間。(吉川圭子女士)

習慣在盥洗台
化妝的話,
也可將飾品收納在此!

利用盥洗台鏡後空間收納飾品。外出前的準備和回家後的洗手等,及飾品的穿脫也在此處,日常動線流暢。(あさおかまみ女士)

盥洗台下方
占空間的水管,
就用ㄇ型架解決。

將裁切成適合尺寸的木板組合成簡單的ㄇ型架,收納力頓時UP!(原田ひろみ女士)

以鋪著洗衣網的
紙袋,
分類待洗衣物。

只要準備幾個紙袋,分成兒童衣物、纖細衣物等項目即可。紙袋還能放回收納架上。(都築克雷女士)

ENTRANCE

符合生活方式的收納法五花八門。

對應家庭結構和生活習慣，
改變收納用品或方法都可以！

利用薄型收納架
成功收納大型鞋類。

深度30cm的客廳收納
架，約可容納40雙鞋
子，平時就用布遮起
來。（田中佐江子女
士）

吊掛

小而美的「吊掛式收納」。

簽收宅配時必要的印章，就掛在櫃門後方的收納
盒。玄關用的掃把、方便纏繞收納的跳繩也掛在
櫃門後方的掛勾上，洋傘也一併就定位。（秋山
陽子女士）

鞋子

雪國生活必需品，
鞋類換季小技巧。

生活在雪國，鞋子也必須隨著冬
夏換季。將鞋子一雙雙放在托
盤上，這樣換穿和暫時擺放都很
方便。（戶井由貴子女士）

不要的傳單
直接在玄關門口處理！

於玄關設置紙類回收專
區，不要的傳單立刻扔
進去，踏上玄關前便處
理完畢。（会田麻実子
女士）

廣告傳單的處理方式

玄關也是物品的入口，
乾脆直接當成倉庫。

由於日用品多半來自網
購，收到貨後便立刻開
箱，所以我乾脆把玄關的
收納空間當成日用品的庫
存管理空間來使用。（さ
いとうきいさん）

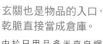

外出時的攜帶物品，
一律收納在玄關。

玄關的大型收納空間擺放的不是鞋
子，而是經常走回房間拿取的雜
物。後來孩子們也會自動把外套放
在這裡。（香村薰女士）

庫存空間

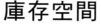

外出用品

資訊情報站

學校通知單
採用 1 處 & 1 眼瞄見的規劃。

將客廳收納空間，打造成日用品、資料、資訊的管理場所。學校通知單和通訊錄等資料逐頁張貼在櫃門後方，便能一覽無遺。（植松あかね女士）

迷你工作室

利用滾輪邊桌
讓餐桌變成辦公桌

放有辦公用品的「無印良品」抽屜式收納櫃，配置在餐桌旁邊，在家上班也很舒適。最上層的抽屜放入打開狀態的行事曆，必要時直接拉出抽屜來看。（森麻紀女士）

HOME OFFICE

家內管理資訊·資料也要條理化。

無論是否在家中上班，各式各樣的資訊仍會蜂擁而來。
一旦訂立資訊管理的規劃，就能靈活運用！

DVD

立刻錄製 & 觀看！
拿取優先的收納法。

錄製過的DVD，連同節目資訊以不織布光碟套作隔間，再放入寫有標題的紙封面作成簡單管理。同時也有備入空白DVD，打造「觀看」勝過存放的收納規劃。（服部ひとみ女士）

資料管理

一眼即知文件內容的
分頁書籤。

夾在文件中的分頁書籤，適合討厭歸檔的人。不必取出便能得知內容。（伊藤牧女士）

以學校活動專用檔案夾
進行資訊管理。

檔案夾首頁為當月月曆，裡頭只夾著學校的通知單。孩子們也能自行確認。（秋山陽子女士）

賀年卡

基本上按年概略收納，
然後放入保管文件盒。

先把整年度的賀年卡收納在百元商品店的整理盒中，並於換盒之際挑選想保留的賀年卡放入檔案夾中。（会田麻実子女士）

不用歸檔的
推拉式管理法。

箱內以索引紙卡當隔間，僅收納3年份的賀年卡。整年分的舊物規劃成推拉式收納。（中村佳子女士）

居家用水場所
樹脂收納盒超好用！

收納洗澡水水管的文件盒放在洗衣機和牆壁間的縫隙、將體重機裝入在附滑輪的收納盒設置在家具和牆壁間。由於樹脂文件盒堅固耐用，就算被水潑濕也沒關係。也很適合收納不規則形狀的物品和重物。（十熊美幸女士）

STORAGE

收納用品&標籤技巧大彙整！

「隔間」和「標籤」是生活規劃術不可或缺的技巧。
本篇彙了大家能現學現用小技巧。

文件盒

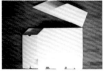

裁切文件紙盒來加以應用。

如果找不到符合抽屜深度的隔間板，不妨裁切文件紙盒來自製隔間板。（中村佳子女士）

斜口收納的訣竅在於雙面運用。

立式斜口文件盒在收納上可作為「外顯式」和「隱藏式」兩種用途，相當方便。（国分典子女士）

替抽屜隔間
打造
「直立式收納」

以橫式文件盒替抽屜隔間，將烹飪用具直立式收納。超適合當成立起用品的道具。

挑選收納用品

附蓋收納盒
可至百元商品店採買。

方便層層堆疊的附蓋收納盒，在百元商品店便能買到3種基本款。不僅方便收納體積偏大的物品，還能將體積較小的物品暫時收在盒中方便搬移。（秋山陽子女士）

比起專門的收納用品，更該著眼於是否能長久使用。

關於嬰兒用品的收納，基於「能收納於縫隙」、「附方便移動的腳輪」、「隨意使用」、「方便添購」等各種條件下，我選擇了宜得利的床底收納盒。這種挑選方式可避免收納用品用完即丟的問題。（佐藤美香女士）

標籤管理

適合大略收納的數字標籤。

當分類過於粗略無法決定標籤名稱時，就用數字標籤管理。（秋山陽子）

紙膠帶＋
手寫超省事。

決定物品分類後，立刻使用紙膠帶和筆製作標籤！換貼標籤也非常簡單。（白石規子女士）

白色馬克筆直接寫字。
字體也別具風味。

以白色馬克筆直接在玻璃香料瓶上寫字標示。以無水酒精或去光水便可直接消除筆跡，相當方便。（十熊美幸女士）

●等閒書房
https://www.facebook.com/everymantw/
電話：07-715-3333
地址：高雄市苓雅區福壽街136號
●知識通二手書店
https://www.facebook.com/知識通二手書店-207710046018548/
電話：07-727-9165
地址：高雄市前鎮區瑞福路140號
●崇文舊書店
電話：07-722-4270
地址：高雄市前鎮區憲德戲院巷6號
●尚昇二手書店
電話：07-285-9189
地址：高雄市前金區七賢二路139號
●同利二手書店
https://www.facebook.com/同利二手書店-219827515060777/
電話：0953-881-559
地址：高雄市鳳山區中利街89號
●左營舊書店
https://www.facebook.com/ZuoyingOldBookstore/
電話：07-581-8960
地址：高雄市左營區左營大路345巷47號

【屏東】
●屏東文化城-舊書店
https://www.facebook.com/屏東文化城-舊書店-761204123938377/
電話：08-733-6992
地址：屏東市民族路115號
●殘簡肆 二手舊書買賣
https://www.facebook.com/tsanjiansz/
電話：08-722-4369
地址：屏東市林森路21-9號

【花蓮】
●時光二手書店
https://www.facebook.com/時光二手書店-203747686323648/
電話：03-835-8312
地址：花蓮市建國路8號
●舊書舖子
https://www.facebook.com/舊書舖子-123685401028686/
電話：03-834-4586
地址：花蓮市光復街57號

【台東】
●晃晃二手書店
https://www.facebook.com/089catbooks/
電話：0914-073-170
地址：台東市漢陽南路139-1號

衣物・物資捐贈

整理出來的物品，或許是太多餘而用不著，又或是隨著生活工作環境的變化而趨於不適用。這些仍舊完好的物品棄之可惜，拍賣處理起來又曠日費時，這時也很建議捐助社會弱勢團體，為慈善添一份力量！
此外，捐贈二手物資或衣物前，請務必再次電話聯絡，確認對方當下所需，別讓愛心成為對方沉重的負擔，也別忘了檢查並清洗捐贈物品是否完好，讓善意真正發揮作用！
●台灣兒童暨家庭扶助基金會（家扶基金會）
https://www.ccf.org.tw/
關懷貧困弱勢兒童及家庭，協助受虐兒保護與預防推廣。於全台設有80處以上據點，可就近詢問捐贈。

●財團法人伊甸社會福利基金會
https://www.eden.org.tw/index.php
電話：02-2230-7715分機5206
從為身障者發聲，到今日將援助對象擴展至兒童與老人，官網設有捐物募集頁面，詳列需求物品、數量與捐助對象。另設有二手衣回收專案，詳細請電聯02-2577-7636。

●心怡舊衣回收
https://www.facebook.com/223488348832
電話：02-2931-2001
地址：台北市文山區景明街16號
●光仁二手物流中心
https://www.kjswf.org.tw/page.php?menu_id=22&p_id=77
地址：新北市新店區寶興路53號1樓（歡迎郵寄，請勿親送）
電話：02-8914-7603、8914-7717
捐贈物資以二手商店的模式作為庇護職場，訓練身心障礙者獲取工作技能，強化其獨立、自主的生活態度。

●愛馨物資分享中心
https://www.goh.org.tw/resource-sharing-centers/
協助弱勢婦幼度過低潮，常態性募集民生食品、日用消耗品、嬰幼兒用品與衣物等。分別於新北、台中、台南、高雄四處設有物資中心，詳細資料與即時需求請電話聯絡。
●台東基督教醫院「愛加倍小舖」
https://www.wheat.org.tw/OnePage.aspx?tid=154
電話：089-310-000
地址：台東縣臺東市開封街350號
接受二手八成新物品義賣，義賣所得作為「一粒麥子社福基金會」推動貧困獨居老人送餐、老人日托站、居家服務、復康巴士、到宅沐浴、偏鄉日照之用。
●舊鞋救命
https://www.step30.org/
將舊鞋捐至非洲，幫助當地居民不受沙蚤感染帶來的生命威脅。除鞋子、夏季衣物外，亦收受孩童上學所需的包包等。詳細需求請見官網及伯利恆倉庫FB的即時訊息。
舊鞋救命X伯利恆倉庫
https://www.facebook.com/groups/step30Bethlehem/
地址：新北市林口區中山路578號
電話：02-7741-5519

公益募集交流平台

●台灣公益資訊中心
https://www.npo.org.tw/
設有物資募集頁面，詳細列出所需品項、數量、捐助對象、截止時間等，十分方便。
●樂公益・角落
https://lecoin.cc/about
綜合樂捐款、樂捐物、樂志工、樂義賣的募集交流平台。可以清楚簡單的看見各種募集專案。
●Give543贈物網
https://give543.com/
不交換、不買賣的免費物資分享互惠平台，將不需要的物品張貼於禮物池，供他人免費索取。亦可在需求池登錄所需物資，等待捐贈。

毛巾・被子類

比較陳舊的毛毯、浴巾、被子也別急著丟進垃圾桶，這些物品亦能捐助讓毛小孩渡過溫暖的冬天喔！
捐贈前請先剪除拉鍊、釦子等布料以外的零件裝飾，以免毛小孩受傷或誤食。

※多為季節性需求，建議電聯詢問，或上網查詢即時募集活動。

大型家具・巨大垃圾

體積龐大的家具、家電用品、樹枝及非石材類等廢棄物，如數量不多，可以打電話至所屬地區的清潔隊，預約收運時間、地點，只要在約定時間前一晚將廢棄物品置於約定地點即可。
大量廢棄物則需請私人清運公司協助處理。

Reuse List 資源再利用名冊

關於台灣物資捐贈、回收、清運的相關名冊清單。進行規劃前，請務必事前確認各單位收受的項目，並且清潔乾淨再回收。捐贈物品前也請先致電詢問當下物資需求，以及接收物品的新舊標準，以免造成收件單位的困擾。※ 相關資訊，請以各單位實際情況為主。

個人拍賣—網路

在網路平台上架自己不需要的物品來尋找買主，可自訂價格且不受買賣雙方所在的區域限制是最大優勢。
- Yahoo奇摩拍賣
https://tw.bid.yahoo.com/
- 露天拍賣
https://www.ruten.com.tw/
- 蝦皮購物
https://shopee.tw/
- PChome 商店街-個人賣場
https://seller.pcstore.com.tw/

個人拍賣—實體

以託售或租箱寄賣形式販售物品。
- 跳蚤本舖
https://www.bbbobo.com.tw/
- 格子趣
https://www.checkfun.com.tw/

跳蚤市集

報名租借場地，擺攤售賣物品，以下所列市集皆為較固定舉辦的單位。各地區不時會有小型二手市集，可在有需求時上網查詢聯絡。

【台北】
- 天母市集
https://www.tianmu.org.tw/modules/news/article.php?storyid=8
- 公館創意跳蚤集
https://www.facebook.com/gongguan168/?locale=zh_TW
- 永春生活市集
電話：02-2769-5123
地址：台北市松山區松山路294號2樓（永春市場樓上）
- Holiday ya 二手市集
https://www.facebook.com/holidayy2013/

【台中】
- 手電筒市集｜大台中環保市場
https://www.facebook.com/FlashlightBazaar/
地址：台中市北屯區太原路三段696-2號
- 台中水湳跳蚤市場
電話：0916-211-148
地址：台中市西屯區長安路2段272號大福環保市場

【高雄】
- 高雄環保市集
https://www.facebook.com/高雄環保二手跳蚤市集-188976998342567/
- 換換愛二手市集
https://www.facebook.com/ChangeLoveMarket/
- Enjoy纇舊衣二手市集
https://www.facebook.com/Enjoythemarket/~

書籍

【網路】
- TAAZE讀冊生活二手書店
https://www.taaze.tw/sell_used_books.html
由網路書店兼營的二手書拍賣網，可自訂價格且客層清楚，又能與新書一同購買為其優勢。

- 書寶二手書店
https://www.spbook.com.tw/index.php
主要收購方式分為公益捐書、現金估價買斷與網路代售，單次冊數超過20本可免費宅配收書。

【台北】
- 茉莉二手書店
https://www.mollie.com.tw
台大店：台北市中正區羅斯福路四段40巷2號1樓
電話：02-2369-2780
師大店：台北市大安區和平東路一段222號B1
電話：02-2368-2238
影音館：台北市中正區羅斯福路三段244巷10弄17號
電話：02-2367-7419
台北、台中、高雄皆有實體店面，收購書籍與CD唱片，單次冊數超過30本可免費宅配收書。
- 雅博客
https://www.yabook.com.tw/
台大店：台北市新生南路三段76巷9號1樓
電話：02-2362-8298
永安店：新北市中和區中和路350巷8弄12號
電話：02-8660-8611
位於台北的實體店面，收購書籍與CD唱片。大台北地區單次冊數超過50本（含CD與DVD）可到府收書。亦有配合弱勢團體的公益捐書活動。
- 胡思二手書店
https://whosebooks.myweb.hinet.net/
士林店：台北市士林區中正路235巷44號
電話：02-8861-5828
位於台北的實體店面，收購的書籍以文、史、哲、藝術、兒童繪本、科普及出版時間較近的企管財經，生活休閒類為主。可以郵寄方式收購出清書籍。
- 阿維的書店
https://www.a-wei.com.tw/index.asp
電話：02-2375-4388
地址：台北市懷寧街36號8樓
位於台北的實體店面，收購書籍、正版CD與藍光DVD。可以郵寄方式收購出清書籍。
- 延慧書庫
https://www.dep-secondhand.gov.taipei/
台北市主持的書籍再生平台，具有多種捐書方式，並免費提供學生、中低、低收入戶、身心障礙者及一般民眾索取及兌換，以及網路尋書交換服務。

【桃園】
- 晴耕雨讀小書院
https://www.facebook.com/lifestylebookstore/
地址：桃園市龍潭區龍龍路二段169巷181弄30衖90號
位於桃園市的實體店面，主要收購書籍為飲食、生活、藝文、旅行、自然、農業、心靈、文學類。同時也收購CD、DVD影音產品。

【台中】
台中地區多半為較傳統的二手書店，關於書籍的收購事宜，請直接聯繫相關店家。由於營業時間多數為中午過後，電話聯絡建議下午為宜。
- 成功舊書店
https://www.facebook.com/pages/成功舊書店/370693889655249
電話：04-2229-0120
地址：台中市中區臺灣大道一段339號
- 黑輪舊書攤
電話：04-2261-9980（總店）
總店：台中市南區忠明南路1166號
三民店：台中市北區三民路三段75-1號
五權店：台中市五權路24號
- 茉莉二手書店
https://www.facebook.com/molliestoretc/
電話：04-2305-0288
地址：台中市西區公益路161號B1

- 書香舊書坊
電話：04-2375-7403
地址：台中市西區林森路200號
- 梓書房
https://www.facebook.com/wearepaperbooks/
地址：台中市西區福人街89號
- 頭大大二手書
https://www.facebook.com/頭大大二手書-194707163881413/
電話：04-2299-1646
地址：台中市北區青島路一段24-1號
- 百利舊書坊
電話：04-2246-8245
地址：台中市北屯區北屯路431-3號
- 桑園量販舊書店
https://www.facebook.com/桑園二手書店-518426921578481/
電話：04-2451-3048
地址：台中市西屯區文華路263號
- 蠹書樓舊二手書店
https://www.facebook.com/cheapbook88/
電話：04-2700-3456
地址：台中市西屯區福上巷275-1號
- 學府舊書坊
總店：台中市西屯區福上巷236號
電話：04-2451-0035
- 午後書房 二手書店
https://www.facebook.com/午後書房-二手書店/100057325343729/
電話：04-2631-6185
地址：台中市龍井區新興路2巷2之1號

【台南】
- 林檎二手書室
電話：0905-951-593 卡先生
地址：台南市南區國華街一段24號
收購台南高雄地區書籍、CD、DVD影音、黑膠唱片，以翻譯文學、藝術設計、建築、旅遊、文史哲命理、食譜、成套漫畫為主，可到府收購估價。
- 文今二手書店
https://www.facebook.com/184718655008470
電話：06-209-9899
地址：台南市東區前鋒路146號

【高雄】
- 高雄車站二手書城（蔡先生二手書店）
https://www.facebook.com/916906585083143
地址：高雄市三民區建國三路65號B1
- 復興二手書店
https://www.facebook.com/Fuxingbookstore/
電話：07-241-0303
地址：高雄市新興區新田路85-1號
- 上學堂舊書店
https://www.facebook.com/上學堂舊書店-182683125253200/
電話：07-723-2478
地址：高雄市苓雅區福壽街232號
- 復興二手書店
https://www.facebook.com/153798264691269
電話：07-241-0303
地址：高雄市新興區新田路85-1號
- 城內二手書店
電話：07-749-9730
地址：高雄市苓雅區尚勇路5號
- 茉莉二手書店
https://www.facebook.com/茉莉二手書店-高雄店-476730405732879/
電話：07-269-5221
地址：高雄市苓雅區新光路38號B1

生活美學家 01

整理思維再整物，一勞永逸的科學化收納法！
Life Organize 新增版 好感生活規劃教科書

作　　　　者／一般社團法人日本生活規劃整理師協會
譯　　　　者／亞緋琉
發　行　　人／詹慶和
執　行　編　輯／詹凱雲
編　　　　輯／劉蕙寧・黃璟安・陳姿伶
執　行　美　術／陳麗娜
美　術　編　輯／周盈汝・韓欣恬
出　　版　　者／良品文化館
發　　行　　者／雅書堂文化事業有限公司

郵 政 劃 撥 帳 號／18225950
戶　　　　名／雅書堂文化事業有限公司
地　　　　址／新北市板橋區板新路206號3樓
電　　　　話／(02)8952-4078
傳　　　　真／(02)8952-4084
電 子 信 箱／elegant.books@msa.hinet.net
網　　　　址／www.elegantbooks.com.tw

2023年08月 初版一刷 定價 420元

新版　ライフオーガナイズの教科書
© Japan Association of Life Organizers 2021
Originally published in Japan by Shufunotomo Co., Ltd.
Translation rights arranged with Shufunotomo Co., Ltd.
Through Keio Cultural Enterprise Co., Ltd.

經銷／易可數位行銷股份有限公司
地址／新北市新店區寶橋路235巷6弄3號5樓
電話／（02）8911-0825
傳真／（02）8911-0801

一般社團法人日本生活規劃整理師協會
Japan Association of Life Organizers

於2008年成立的非營利團體，專門培訓以整理思考為首，提
供客戶整理收納諮詢的「生活規劃整理師」，同時也輔導創
業。透過培訓專業人才和一系列的推廣活動，樂見以生活規
劃術能替更多人減輕人生壓力，活出更快樂有意義的人生。
代表理事為高原真由美女士。

STAFF
攝影／坂本道浩(P.3、P.53、P.64～67)、くさかべ のぼる(P.12～13)：
　　　つのじちょかんばやし　ちあき(P.14～15)：中里ひろこ、相馬ミ
　　　ナ 他(P.16～17)：宇高有香 梶 景子(P.18～19)：あさおかまみ、
　　　6Photo(P.20～21)：伊藤牧
　　　mamiko035(P.22～23)：服部ひとみ
　　　川俣満博 (P.24～27、32～33、38～47、74～77、82～85)、
　　　山田絵里(P.31)
　　　下村亮人(P.34～37)、渕上真由(P.78～81)：下村志保美

照片提供／会田麻実子、秋山陽子、植松あかね、かみて理恵子、
　　　　　香村薫、国分典子、さいとうきい、下田智子、白石規子、
　　　　　田中佐江子、都築クレア、戸井由費子、十熊美幸、
　　　　　内藤さとこ、中村佳子、服部ひとみ、原田ひろみ、
　　　　　森下純子、森真紀、吉川圭子(按五十音順)

插圖／長岡伸行
封面&內頁設計／草薙伸行・蛭田典子
　　　　　　　　（PLANET PLAN DESIGN WORKS）
編輯／藤岡信代（ATTIC）

責任編輯／木村晶子（主婦之友社）

國家圖書館出版品預行編目資料

Life Organize 新增版 好感生活規劃教科書：整理思維再整
物,一勞永逸的科學化收納法!/一般社團法人日本生活規劃整
理師協會著；亞緋琉譯．
-- 初版. -- 新北市：良品文化館出版：雅書堂文化事業有限公
司發行, 2023.08
　　面；　公分
譯自：新版ライフオーガナイズの教科書
ISBN 978-986-7627-53-7(平裝)

1.CST: 家庭佈置

422.5　　　　　　　　　　　　　　　　　112010716